AI활용 강국을 위한 정책과제집

한국지능정보사회진흥원

발간사

> 「AI 활용 강국을 위한 정책과제집」을 펴내며

전 세계가 인공지능(AI)을 중심으로 다시금 기술혁신과 산업·사회 전환의 분기점을 맞이하고 있습니다. 생성형 AI의 등장은 단순한 기술 진보를 넘어, 가치 창출 방식과 경쟁의 판도를 근본적으로 바꾸고 있습니다. 이제 AI는 그 자체의 성능만이 아니라, 어떻게 활용하느냐에 따라 국가와 사회의 미래를 좌우하는 핵심 동력이 되고 있습니다.

대한민국은 그동안 데이터 수집, 컴퓨팅 인프라 구축, 제도 정비 등 AI 생태계 조성에 많은 노력을 기울여 왔습니다. 그러나 이제는 한 걸음 더 나아가, 실질적 가치 창출로 이어지는 AI 응용 역량을 강화해야 할 시점입니다.

무엇보다 AI 시대의 데이터는 더 이상 단순히 '수집'하는 대상이 아닙니다. AI의 활용 과정에서 '새롭게 생성되는 데이터'가 경쟁의 핵심 자산이 되고 있으며, 이러한 데이터를 얼마나 효과적으로 확보하고 유통할 수 있는지가 미래 경쟁력을 좌우하게 될 것입니다.

또한, 누구나 AI 기술에 접근할 수 있도록 고성능 컴퓨팅 자원과 데이터 활용 인프라의 개방성과 접근성을 높이는 것이 시급합니다. 이를 통해 기술 활용의 문턱을 낮추고, 다양한 산업과 분야에서 AI가 실질적인 혁신 도구로 작동할 수 있도록 해야 합니다.

이러한 발전은 기술적 기반만으로 이루어질 수 없습니다. 현행 법과 제도는 빠르게 진화하는 기술 현실을 따라가지 못하고, 때로는 진입 장벽과 높은 행정적 비용으로 작용하고 있습니다. 이에 따라 우리는 제도의 유연성을 확보하고, 동시에 새롭게 등장하는 위험에 선제적으로 대응할 수 있는 제도적 역량을 갖추어야 합니다.

한국지능정보사회진흥원은 'AI 주권'이라는 새로운 시대적 가치에 주목하고 있습니다. 데이터, 모델, 인프라 등 AI의 핵심 구성요소 전반에 대한 주권을 확보하고, 이를 바탕으로 국내 전 산업과 사회 전반의 주체들이 AI를 보다 쉽게, 그리고 책임있게 활용할 수 있도록 다층적이고 포괄적인 정책 전략을 마련하기 위해 노력하고 있습니다.

이번 「AI 활용 강국을 위한 정책과제집」은 이러한 노력의 하나로, 대한민국이 기술을 잘 만드는 나라를 넘어, AI를 가장 잘 '활용하는' 나라로 도약하기 위한 전략과 정책 과제를 고민한 결과물입니다.

이 정책과제집이 우리나라가 AI 강국으로 도약하는데 도움이 되기를 바라며 앞으로도 우리 원은 정부, 기업, 시민사회와 함께 AI를 통해 더 나은 사회와 국가의 미래를 만들어 가는 데 지속적으로 기여하겠습니다.

한국지능정보사회진흥원 원장 **황 종 성**

CONTENTS 목 차

Chapter 1. 서 론
Ⅰ. 추진 배경 ··· 6
Ⅱ. 추진 필요성 ·· 10
Ⅲ. AI 활용 강국을 위한 제안 ································· 11

Chapter 2. 핵심과제

19대 핵심과제 ··· 13

Ⅰ. **세계 최고의 데이터 강국을 위한 제안 과제** ············ 14

① 데이터 자원 확대,　② AI데이터뱅크 설립,

③ AI 토큰 이코노미 확산,　④ 국가 데이터 인프라 조성

Ⅱ. **미래 공공재 국가 AI 인프라를 위한 제안 과제** ········ 32

⑤ 지능형 네트워크 확산,　⑥ 국가 AI Farm 조성

⑦ 양자AI 기업 육성,　⑧ 공간컴퓨팅 플랫폼 구축

Ⅲ. **국가 혁신 역량 AI 문명선도를 위한 제안 과제** ········ 42

⑨ 디지털포용사회 확산,　⑩ AI 리터러시 함양,

⑪ 스마트경로당 2.0 추진,　⑫ 국민 대표 AI 서비스 발굴,

⑬ AI 서비스 품질보장 도입,　⑭ AI 활용 공공서비스 제공,

⑮ 공무원 일하는 방식 혁신,　⑯ 국가 예산 절감 지원,

⑰ Gov-AI 센터 설립,　⑱ AI 혁신 3법 제정,

⑲ 글로벌 사우스 AI 연대

Chapter 1

서론

Ⅰ. 추진배경 ·················· 6

Ⅱ. 추진 필요성 ·············· 10

Ⅲ. AI 활용 강국을 위한 제안 ······ 11

Chapter_1 서론

1. 추진 배경

국가 생존의 문제로 부상한 AI 기술 패권

- 주요국은 AI를 국가 경제와 안보의 핵심 요소로 인식하고, 대규모 투자 경쟁에 돌입 중
  - 미국과 중국은 반도체 제재 충돌과 AI 기술 주도권 경쟁으로 인해 '신냉전' 양상 심화
  - 미국 vs 중국이 AI 기술 주도권을 두고 경쟁하며 서로 다른 AI 생태계 형성(기술 블록화)이 진행되는 한편, 일부 국가는 독자적 AI 개발·협력 체계 구축에 주력

 참고 AI 강국의 AI 패권 경쟁 | 지정학적 블록화 속 AI 신흥국의 약진

 미국 — 압도적 경쟁우위유지를 위한 민간 협력과 활용 촉진
- 민간 주도 AI 인프라 구축을 위한 730조원 규모 스타게이트 프로젝트 발표('25.1)
- OMB의 연방기관의 AI 적용·활용 가속화를 위한 지침(메모) 발표('25.4)

중국 — AI 기술 자립과 자강, '딥시크'로 성공 입증
- '25년 R&D 예산 800조원 배정
- AI 등 첨단 분야 기업 투자를 위한 200조원 규모 창업투자기금 설립 계획 발표('25.3)

 EU — AI 주도권을 확보를 위한 대규모 투자
- 초대형 AI 모델 훈련을 위한 'AI기가팩토리' 건설 등 민관협력 프로젝트 포함 300조원 규모 InvestAI 이니셔티브('25.1) 및 AI 대륙 행동 계획 발표('25.4)

 싱가포르 — 정밀하게 설계된 AI 전략으로 아세안 주도
- '19년 국가 AI 전략을 '23년 업데이트, 프로젝트→시스템 중심 접근 방식으로 전환
- 동남아 최초 11개 언어 방언을 포함하는 멀티모달 LLM 'Sea-Lion' 개발·배포('23.10~)

 인도 — 전략적 동맹, 인재 기반 신흥강국 부상
- AI 혁신 생태계 강화를 위한 1.7조원 규모의 'IndiaAI Mission' 출범('24.3)
- BRICS-트럼프 행정부 사이 전략적 AI 동맹 강화

 UAE — 중동지역 AI 허브로 도약중
- 세계 최초 AI전담부서 'AI부' 개설('17)
- 오픈AI와 AI 대규모 데이터 센터 설립 및 전국민 'ChatGPT 플러스' 무료 제공 협력('25.5~)

- 일부 기업의 AI 기술 독점, 선도 국가·기업에 인재 및 자본 집중 현상 가속화, 자체 AI 기술 역량이 없는 국가들의 디지털 종속* 우려 증가
  * 국가나 조직이 외국의 디지털 기술, 인프라 등에 과도하게 의존하여 자율성과 통제력을 상실하는 상태

> ▶ **(클라우드 서비스)** AI 워크로드 기준, 미국 3대 클라우드 기업(AWS, Microsoft Azure, Google Cloud)이 시장의 대부분을 점유
>
> ▶ **(반도체 공급망 취약성)** AI 연산용 고성능 GPU의 90% 이상을 NVIDIA가 점유, '23년 미국의 반도체 수출통제로 인해 여러 국가의 AI 개발에 제약
>
> ▶ **(알고리즘 종속)** 글로벌 플랫폼(OpenAI, Google 등)의 외부 API 활용이 확대되면서, 반복적인 비용 부담과 데이터 규제·보안 대응의 어려움, 기술 경쟁력 약화에 대한 우려가 커지고 있음

AI 혁신의 새로운 과제 : 활용의 시대로의 진화

- AI 정책의 전환점을 촉발한 '중국판 스푸트니크 모멘트*', DeepSeek의 등장
  - 중국의 저가·고성능 AI 모델인 'DeepSeek'의 부상은, AI가 소수 기업의 독점적 기술 자산에서 누구나 활용 가능한 '보편 기술'로 전환될 수 있음을 보여주는 상징적 사례로 평가됨
    * 1957년 소련의 인공위성 스푸트니크 1호 발사가 미국의 우주 전략 전환을 촉발한 것처럼, DeepSeek의 등장은 글로벌 AI 경쟁 구도에 큰 영향을 미친 '중국판 스푸트니크 모멘트'로 평가받음

> **참고** AI 효율성 중심 모델로 주목받은 딥시크(DeepSeek)의 등장
>
> ▶ 2024년 12월, 딥시크(DeepSeek)는 약 600만 달러라는 비교적 낮은 비용으로 6,710억 개 파라미터의 대형 언어모델 DeepSeek-V3를 개발하며 본격적으로 주목받기 시작
>   ※ 단, 실제 개발 비용은 공식적으로 공개된 수치보다 더 높을 수 있다는 전문가 분석도 존재
>
> ▶ 2025년 1월에는 오픈AI의 GPT-4 기반 모델(o1)과 유사한 성능을 구현하면서, 기존 대비 약 95% 낮은 비용으로 제공되는 R1 모델을 출시
>
> ▶ DeepSeek R1은 출시 직후 미국 Apple App Store에서 ChatGPT를 제치고 무료 앱 1위를 차지하는 등, 전 세계적으로 AI 대중화의 상징적 사례로 부상

- AI 모델의 학습 및 추론 비용이 하락하며 기술개발 중심에서 활용 확산 단계로 진입
  - AI는 '기술개발(LLM 고도화)' 중심에서 '비용 절감(학습·추론 비용 하락)' 단계를 거쳐, '활용 확산(Agent AI, 산업 적용)'을 통한 실질적 혁신과 가치 창출의 시대로 진입
    ※ 스탠포드 『AI Index 2025』 보고서는 생성형 AI 발전의 주요 트렌드를 기술 발전(성능 향상), 비용 하락 (특히 추론 비용), 활용 확산(접근성·응용 확대)이라는 흐름으로 설명

> **참고** AI 효율성·비용·접근성의 비약적 개선
>
>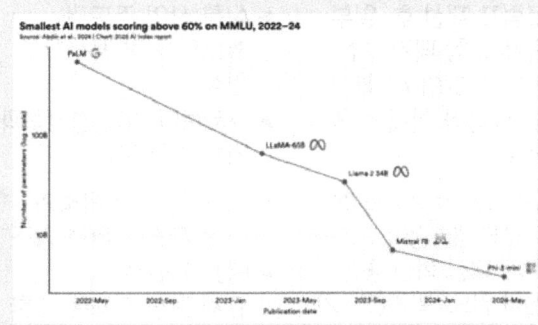
>
> ▶ GPT-3.5 수준의 AI 추론 비용, 2022년 대비 280배 감소('22.11 → '24.10)
> ▶ (AI 하드웨어 비용) 연 30% 하락, (에너지 효율성) 연 40% 향상
> ▶ 오픈소스 모델 vs 폐쇄형 모델 성능 격차 : 2023년 8% → 2024년 1.7%로 축소
> ▶ 저비용·고효율 소형 모델 확산으로 AI 접근 장벽이 급격히 낮아지고 있음
>
> ※ 출처 : Stanford University, HAI(2025.4), 'The 2025 AI Index Report'

- AI에 대한 화두는 '누가 모델을 보유하고 있느냐'에서, '누가 그것으로 실제 가치를 창출하느냐'로 전환
  - OpenAI, Google, Microsoft 등 주요 AI 기업은 2025년부터 에이전트(Agent) 기반 전략 전환을 선언
  - 'Agent AI'는 사용자 중심의 '행동하는 AI'로 진화하며, 실제 비즈니스와 일상생활에 AI를 더욱 깊숙이 통합시킬 수 있는 핵심 요소로 부상

> **참고 2025년 AI의 화두는 'Agent AI'**
>
> ▶ **(OpenAI)** GPTs는 도구 호출, 메모리, 계획을 갖춘 에이전트로 진화 중('24.11월, Dev Day)
> ▶ **(McKinsey)** AI 에이전트는 기업 지식노동의 인터페이스가 될 것
> ▶ **(IDC)** 2027년까지 AI 도입 기업의 40% 이상이 에이전트 기반 자동화 구성 예정
> ▶ **(Gartner)** 'Agentic AI'를 2025년 최고 기술 트렌드로 선정. 2028년까지 일상 업무 결정의 15%가 Agentic AI를 통해 자율적으로 이루어질 것
> ▶ **(Deloitte)** 2025년까지 GenAI 기업의 25%가 AI 에이전트 배포
> ▶ **(NVIDIA)** Agentic AI는 엔터프라이즈 세계에서 가장 중요한 일 중 하나
> ▶ **(Capgemini)** 조직의 82%가 2026년까지 AI 에이전트 통합 계획

- 글로벌 AI 정책의 무게중심이 **'안전 규제'**에서 **'혁신 경쟁'**으로 이동
  - **미국과 프랑스**는 2024년까지 **AI 규제를 중심으로 한 정책 기조를 유지**해 왔으나, 2025년 들어 **AI 활용·혁신과 산업 경쟁력 강화**를 중심으로 한 **방향 전환을 시사**
  - AI를 둘러싼 주요국의 전략이 **'리스크 관리'**에서 **'AI 전략 자산화'**로 정책 기조를 재편

AI 규제에서 혁신으로 : 미국·프랑스 정책 기조의 변화

구분	이전 정책 기조 (2024년까지)	2025년 전환 내용	시사점
미국	▶ 바이든 행정부, '안전하고 신뢰할 수 있는 AI' 행정명령 발표 ('23.10) ▶ AI 안전성, 투명성, 개인정보 보호 등 강조	▶ 트럼프 재선 후, 일부 규제 조항 폐기 추진 ▶ 민간 주도의 AI 혁신 및 상업화 확대 정책 예고	▶ AI를 산업 주도권 확보의 전략 자산으로 인식 ▶ 규제보다 기업 경쟁력과 기술 투자 우선
프랑스	▶ EU AI Act의 핵심 지지국으로, 윤리·책임 기반 규제 강조 ▶ 프랑스 정부 내 AI 안전 감독기관 신설('23.1), AI 안전 연구소 (INESIA) 설립 발표('24.5)	▶ 'AI 혁신 정상회의'에서 마크롱 대통령이 "과도한 규제 대신 혁신 중심 전략 필요" 발언('25.2) ▶ 스타트업과 산업계 주도 강조	▶ AI 활용 기반 확충과 기술 자립성 확보 강조 ▶ EU 내에서도 규제 중심 정책에 대한 유연한 접근 논의 확대

우리나라는 'AI G3 도약'을 위해 국가적 역량 총결집

- 우리 정부는 AI 경쟁력 확보, 디지털 모범국가 실현을 위한 전략 수립
  ※ (최근 한국의 AI 정책) ▲대한민국 디지털전략('22.9), ▲AI일상화 및 산업 고도화 계획('23.1), ▲초거대 AI 경쟁력 강화 방안('23.4), ▲AI 반도체 이니셔티브('24.4)

- 민관 합동 국가 AI 정책 컨트롤타워로 '국가인공지능위원회' 출범, "AI G3 국가 도약"을 위한 「국가 AI전략 정책방향*」 발표('24.9월)
  * (4대 AI 플래그십 프로젝트) ①국가 AI컴퓨팅 인프라 대폭 확충, ②민간부문 AI 투자 대폭 확대, ③국가 AX(AI+X) 전면화, ④AI 안전·안보·글로벌 리더십 확보

- 중국의 '딥시크 돌풍'을 계기로 제기된 다각적 AI 발전 국면에서, 새로운 기회 확보를 위한 「국가 인공지능 역량 강화 방안*」 발표('25.2월)
  * (3대 추진 전략) ①AI 컴퓨팅 인프라 대폭 확충, ②세계적 AI모델 개발, ③국가 AI전환 가속화

'AI G3 도약'은 국가적인 AI 활용이 성패를 좌우할 것!

- 'AI G3 도약'을 조기 달성을 위해, 기존의 ICT 사업을 대규모 AI 프로젝트로 재설계하여 본격적으로 추진 필요

- AI 기술을 뒷받침할 국가 AI 인프라 구축과 국민이 AI를 효과적으로 활용할 수 있는 환경 조성 등 AI 생태계 전반의 균형 발전이 중요

국가 AI 생태계 균형 발전의 중요성

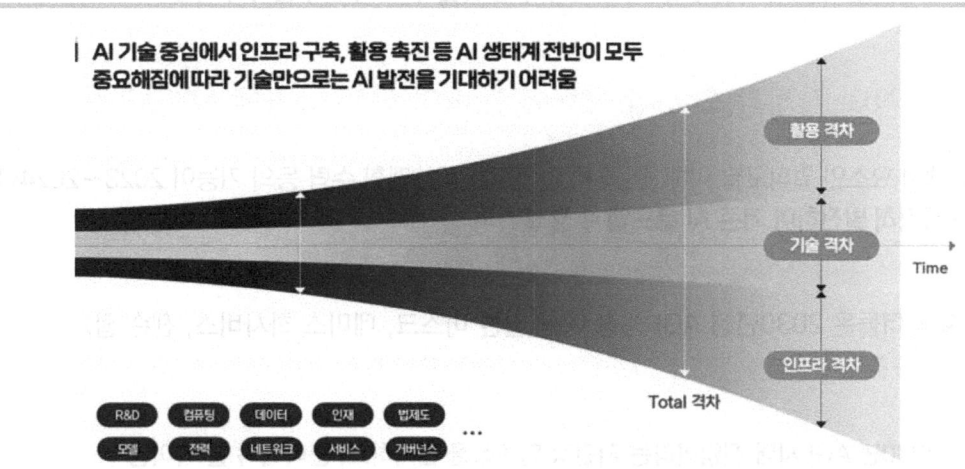

2　추진 필요성

❶ 지수적 격차 확대의 법칙

- AI 기술·인프라·활용 격차는 선형이 아닌 **지수적(exponential)으로 확대**
  - ▸ 현재의 1~2년 지연은 5년 후 극복 불가능한 격차로 고착화될 위험
- 선두 국가 및 기업은 이전 성과를 기반으로 **더 빠른 혁신**을 달성하는 반면, 후발주자는 **격차를 더 빠르게 따라잡아야 하는 이중고 직면**
  - ▸ 추격형 기술 개발 전략의 유효성 급감

> **지금 적극적으로 대응하지 않으면,
> 미래에는 어떤 투자와 노력으로도 따라잡기 어려운 기술 격차에 직면**

❷ AI 주도국과 AI 주변국 사이의 기로(岐路)

- 지금은 글로벌 AI 국제 표준, 윤리 규범, 규제 체계가 형성되는 초기 단계로, **글로벌 AI 거버넌스 형성의 중대 시점**
  - ▸ 그러나, 기술적 기반 없이는 거버넌스에서 배제되어 불리한 조건 수용 불가피
- 독자적 AI 기반 기술 없이는 **디지털 주권을 확보하거나 행사하는 것 자체가 어려움**
  - ▸ 디지털 종속성은 국가 안보 취약점으로 작용, '디지털 식민지'로 전락 우려

> **'기술 생산국이 될 것인가, 소비국이 될 것인가'의 국가적 선택의 시간**

❸ 사회 전환의 임계점(Critical Threshold), 성큼 다가온 AGI 시대

- AGI의 핵심 요소인 멀티모달 이해, 인과 추론, 장기 기억, 계획 수립 등의 기능이 2023~2024년 사이에 급격히 발전하여 기존 AI 로드맵 수정 불가피
  - ▸ 생성형 AI의 폭발적 발전으로 AGI 구현 시점이 대폭 앞당겨질 것
- AI 기술 리더들은 **2030년경 AGI 등장 예상**(일론 머스크, 데미스 하사비스, 젠슨 황)
  - ▸ 5년 내 모든 분야를 근본적으로 재편하는 역사적 변곡점 도달 가능

> **2030년 AGI 시대 진입이라는 시간적 임계점을 인식하고, 준비해야 할 타이밍**

3 AI 활용 강국을 위한 제안

"세계에서 AI를 가장 잘 활용하는 나라"

세계 최고 데이터 강국
→ 가장 좋은 데이터를 보유한 나라

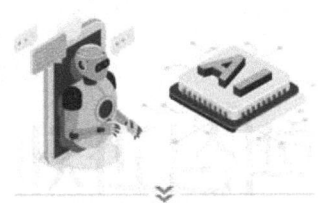
공공재로서 국가 AI 인프라
→ AI 비용이 가장 저렴한 나라

국가혁신역량 AI 문명 선도
→ 가장 혁신적인 나라

❶ 세계 최고 데이터 강국 : 가장 좋은 데이터를 보유한 나라

- **(데이터 경제 주권 확립)** 국내 공공·민간 데이터를 국가 핵심 자산으로 체계화하여 자국 내 활용·보호함으로써 AI 시대 국가 경쟁력 강화와 기술 자주권을 확립
- **(데이터 가치 공유 사회 실현)** 모든 국민이 데이터 가치 창출에 참여하고 혜택을 공유하는 포용적 데이터 생태계 구축

❷ 공공재로서 국가 AI 인프라 : AI 비용이 가장 저렴한 나라

- **(국가 주도 AI 인프라 투자 확대)** 미래 국가 AI 경쟁력의 핵심인프라*에 대규모 선제적 투자로 규모의 경제를 실현하고, 국민·기업의 AI 접근성을 높이는 공공재 기반 구축
  * (예시) 고성능 컴퓨팅 자원, 양자컴퓨팅, AI 네트워크, 공공 AI 모델, 데이터센터 등
- **(AI 활용 비용 혁신을 통한 경쟁력 확보)** 국가 AI 인프라를 저렴하게 제공함으로써 누구나 부담 없이 AI를 활용할 수 있는 환경 조성, 신산업과 서비스 창출 촉진

❸ 국가 혁신 역량 AI 문명 선도 : 가장 혁신적인 나라

- **(AI 정부 선도 국가로 도약)** 대국민 서비스부터 정책 결정까지 공공부문 전반에 AI를 적극 도입하여 행정효율성과 투명성을 제고하고, AI 정부의 글로벌 기준 모델 제시
- **(AI 활용 역량의 사회적 보편화)** 전 국민의 AI 리터러시 향상과 접근성 강화를 통해 개인과 조직이 AI를 일상적 문제해결 도구로 활용하는 역동적 혁신 문화 조성

AI 활용 강국을 위한 정책과제집

Chapter 2

핵심과제

19대 핵심과제 ····················· 13

Ⅰ. 세계 최고의 데이터 강국을 위한
　　제안 과제 ························ 14

Ⅱ. 미래 공공재 국가 AI 인프라를 위한
　　제안 과제 ························ 32

Ⅲ. 국가 혁신 역량 AI 문명선도를 위한
　　제안 과제 ························ 42

Chapter_2 19대 핵심과제

	과제명	핵심내용
1	데이터 자원 확대	• 국가 데이터 자원 총량과 질적 수준의 체계적인 진단과 주요 부문별 데이터 자원화 및 활용 기반 구축
2	AI데이터뱅크 구축	• 7대 전략 분야별 고품질 완성형 AI 데이터 구축 및 체계적 제공
3	AI 토큰 이코노미 확산	• 데이터 유통·거래 활성화를 위한 블록체인 기반 토큰 이코노미 적용
4	국가 데이터 인프라 조성	• 공공-민간의 데이터를 연계·활용할 수 있는 통합 인프라 구축
5	지능형 네트워크 확산	• 고성능, 분산·융합, 지능화된 네트워크로 AI 실증단지 조성
6	국가 AI Farm 조성	• 전국 각 지역에 AI Farm을 구현하고 고성능 네트워크로 연결
7	양자AI 기업 육성	• 산·학·연·관이 참여하는 양자AI 컴퓨팅 인프라를 조성
8	공간컴퓨팅 플랫폼 구축	• AI 핵심서비스 개발을 위해 국가 전반에 공간컴퓨팅 플랫폼 구축
9	디지털포용사회 확산	• 포용적인 AI를 개발하고, AI로 포용적인 기술을 개발·확산
10	AI 리터러시 함양	• AI 시대에 건강한 시민성을 갖추기 위한 필수역량을 규정하고, 표준화된 교육관리체계 구축
11	스마트경로당 2.0 추진	• 어르신들의 사회적 참여와 상시 돌봄을 위한 노인 복지 복합 플랫폼 구축
12	국민 대표 AI 서비스 발굴	• 국민이 만들고 국민이 사용하는 '국민 대표 AI' 서비스 발굴
13	AI서비스 품질보장 도입	• AI 서비스 성능평가 및 품질인증제를 통해 AI서비스의 객관적 평가 체계를 마련하여 국민 신뢰 제고
14	AI 활용 공공서비스 제공	• 정부 주요 민원 서비스 대상 AI 전면 적용으로 민원을 신청없이, 선제적으로, 쉽게 개선
15	공무원 일하는 방식 혁신	• PC 기반 행정을 클라우드로 통합하여 데이터 사일로를 제거하고, 범정부 AI 활용으로 공무원 일하는 방식 혁신
16	국가 예산 절감 지원	• 국가 예산 업무에 AI 적용으로 효율화 및 최적 투자 관리
17	Gov-AI 센터 설립	• AI 인프라·솔루션 관리 등 전환 촉진을 위한 전담 조직 구성
18	AI 혁신 3법 제정	• AI 기술이 기본이 되는 사회 체계에 특화된 법·제도 정비 ※ AI 혁신 3법(안) : 인공지능사회혁신법, 데이터기본법, 인공지능균형발전법 등
19	글로벌 사우스 AI연대	• 글로벌 국가와 데이터 교류, AI 인프라 지원, 규범 공동연구 수행

I
세계 최고의
데이터 강국을 위한 제안 과제

1. 데이터 보유 세계 Top 5 도약을 위한 데이터 자원 확대 추진

◆ 국가 데이터 자원의 체계적인 진단과 주요 부문별 데이터의 자원화 및 활용 기반 구축으로, 한국의 데이터 경쟁력 제고와 AI 기반 산업 혁신 견인

추진 배경

- 데이터의 전략적 가치 증대에 따라, 국가 차원에서 양질의 데이터를 체계적으로 자원화하고, 데이터 주권을 확보하기 위한 관리 체계 구축 필요성 대두
    - ※ 주요국의 데이터센터 운영 현황을 해당 국가 인구 기준으로 환산할 경우 한국의 1인당 데이터 보유 및 활용 가능량은 영국 대비 약 1/2, 미국 대비 약 1/6 수준으로 추정(NIA, IDC 국가별 데이터센터 및 스토리지 현황 자료를 바탕으로 자체 추정)

- 글로벌 데이터 주권 경쟁 심화에 대응하여, 법·제도 기반의 데이터 자원의 보호 및 활용 체계 정비 필요성 증대
    - ※ (미국) 'CCPA(California Consumer Privacy Act)'와 같은 법적 체계를 통해 개인정보 보호를 강화하고 기업들이 소비자 데이터를 어떻게 수집, 사용, 판매하는지에 대한 규정 명시
    - (EU) 'Data Governance Act'와 'Data Act'로 산업별 데이터 공유를 법제화하며 고가치 데이터를 국가 자산으로 관리

주요 내용

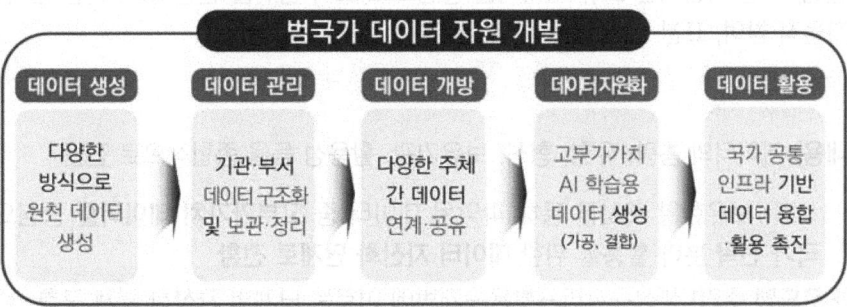

데이터 생성 이후, 관리·개방·자원화까지 전주기적 흐름을 체계화하여,
개인·기관·기업 등 데이터 주체가 사회·경제적 가치를 창출하는
데이터 자산을 확장할 수 있도록 국가 차원의 종합 지원체계 구축

데이터 자원 개발 추진 전략

① (데이터 개방) 기존 데이터 완전 개방을 통한 협업·혁신 촉진
② (데이터 관리) 산재 데이터의 체계적 관리를 통한 전략적 자산 전환
③ (데이터 생성) AI 필수 데이터 선제 발굴·생성을 통한 경쟁 우위 강화

- **(데이터 개방)** 공공 및 민간 부문에 존재하는 데이터의 활용성과 공유 가능성을 극대화하기 위한 공공·민간 데이터 개방 전략 수립 및 상호운용성 제고 기반 마련
  - (데이터 개방·연계 인프라 제공) **공공·민간 데이터 주체와의 협업체계**를 통해 기존 데이터를 **국가 데이터인프라(원-윈도우*)**에 연계하고, 상호운용성 확보를 위한 **기술·제도 기반**을 마련하여 데이터 공유 생태계 조성 ☞ 과제 ④ 참고
    * **(주요내용)** ① 공공·민간 데이터의 소재정보 관리 표준 개발 및 국가 전반에 공유하여 다양한 부문의 데이터 검색·공유·활용 지원 ② 공통 API, 메타데이터 표준(DCAT) 등 기반 상호운용성 표준 마련하여 데이터 연계 지원

- **(데이터 관리)** 공공·민간·개인이 보유한 산재된 데이터를 **체계적으로 조사·분류**하고, **고가치 데이터를 중심으로 전략적 자산화 추진**
  - (국내 데이터 보유 현황 조사) 국내 산재되어 있는 공공 및 민간 데이터의 보유 현황을 체계적으로 조사하여, 국가 차원의 데이터 자원 실태를 정밀하게 파악하고 관리 기반 구축
    - **(범위 설정)** 우선 공공기관 보유 데이터를 중심으로 조사 범위를 설정하고, 민간 분야는 협의체 구성, 자율적 참여, 표본 조사 등을 통해 점진적으로 확대
      ※ (예시) 공공기관 보유 행정데이터 및 통계자료, 민간의 산업별 공개 데이터셋, 개인정보 보호 범위 내의 이용 동의 기반 개인 데이터
    - **(분석 내용)** 데이터의 총량, 유형, 형식, 보유기관, 활용성 등을 종합적으로 진단
  - (전략적 자산화) 보유현황 조사를 통해 파악된 데이터 중 **고부가가치 데이터**를 중심으로 선별·정비하고, **국가 전략 분야 활용을 위한 데이터 자산화 단계로 전환**
    - **(자산화 로드맵 수립)** 생성→관리→활용→개방에 이르는 단계별 자산화 체계 구축

국가 데이터 자산화 체계(안)

단계	주요 내용	핵심 조치
① 생성 (Generation)	• 데이터를 처음 생산하거나 수집하는 단계	• 공공 및 민간 데이터 생산 확대 • AI 및 정책수요 기반의 신규 데이터 발굴 • IoT·센서·행정업무 등 기반 자동수집 확대
② 관리 (Management)	• 수집된 데이터를 정제·표준화하고, 품질을 관리하는 단계	• 메타데이터 표준 적용 • 품질 검증(정합성·정확성 등) • 중복/비표준 데이터 정비
③ 활용 (Utilization)	• 정비된 데이터를 공공정책, AI 학습, 산업 분석 등에 활용하는 단계	• 부가가치 창출 목적의 분석 및 서비스 연계 • 산업별 고도화 사례 창출(Data for AI) • 공동 활용체계 마련 (데이터 스페이스 등)
④ 개방 (Open Access)	• 공익적·산업적 목적에 따라 데이터를 외부에 공개하고 공유하는 단계	• 국가데이터인프라 '원-윈도우'를 통한 단계적 개방 • 데이터셋 별 API 제공 • 개인정보 비식별화 조치 후 공개

- **(자원화 수준 진단 모형 개발)** 국가 데이터 자원화 수준 진단을 위한 ❶평가 기준 ❷세부 지표 ❸분류체계 설계 및 ❹진단 결과 정책 및 사업에 연계

  ▶ **(평가 기준)** 데이터 자원화 단계별* 5단계(Level 1~5) 수준 구분 제시
  * **(데이터 자원화 단계)** (1) 데이터 생성 (2) 데이터 관리 (3) 데이터 개방

  ▶ **(평가 지표)** 데이터 자원화 수준 진단을 위한 정량·정성적 지표 설계
  ※ **(데이터 보유)** 데이터 총량, 유형, 고가치 데이터 현황 **(데이터 관리)** 메타데이터 표준 준수율, 품질검증 수행률 **(데이터 개방)** 데이터 개방률, API 제공 비율

  ▶ **(유형별 분류체계 구축)** 데이터 특성(정형·비정형), 공개 여부(개방·비개방), 생산주체(공공·민간·개인) 기준으로 국가 차원의 통합 분류체계 설계
  ※ **(예시)** 의료영상 데이터(비정형/부분 개방형), 소셜 미디어 데이터(비정형/개방형)

- **(글로벌 지표 연계·분석)** IDC, Stanford, OECD* 등 글로벌 지표와 연계하여 데이터 자원화 현황 지표 공동 개발 및 국별 비교 분석
  * IDC Global DataSphere(전 세계 데이터 생성, 저장, 분석의 규모와 흐름 예측), Stanford HAI AI Index (AI 기술의 발전, 연구, 투자, 사회적 영향 등 종합분석), OECD AI Data(AI 정책, 데이터 거버넌스 등을 다루는 지표 및 도구)

● **(데이터 생성)** AI 경쟁력 강화를 위한 데이터의 선제적 발굴·구축 및 민관 협업 기반 AI 데이터 생성 생태계 조성

- **(AI 데이터 생성)** AI 활용도가 높은 고부가가치 데이터를 선제적으로 **생성·개방** → 수요 기반 개방·융합 생태계 조성을 통해 **데이터의 전략적 활용도 제고**
  - **(추진목적)** 기존의 공급 중심 데이터 개방 체계*에서 **미개방 데이터 발굴·개방**을 통해 데이터 활용성 제고
    * 공급자 중심 데이터 개방에 따라 활용가치 저조 및 데이터 가공(정제, 전처리 등)이 어려움
  - **(주요내용)** 도메인별 **데이터를 생성·구축·개방**하고 **선도 서비스 개발**(유사개념 : 등대 프로젝트)을 통해 활용 확산 기여
    ▶ (AI 데이터 개방) 도메인별 AI 학습 및 예측 활용이 가능한 미개방 고가치 데이터(HVD) 선제적 지정 및 데이터 개방 의무화 추진
    ▶ (선도 서비스 개발) 개방된 데이터 기반 민관 협력 선도 서비스 시범 개발을 통해 데이터 활용 확산 기반 마련

AI 데이터 생성 및 활용 지원 개요

단계	농업 분야	보건 분야
1. 고부가가치 데이터 발굴 및 지정	• 농업 관련 미개방 고가치 데이터 발굴 및 개방 의무화 (예시: 기상 데이터, 토양 상태, 작물 성장 정보)	• 보건 관련 미개방 고가치 데이터 발굴 및 개방 의무화 (예시: 전염병 발생 데이터, 의료기관 성과 데이터, 건강보험 청구 데이터)
2. 데이터 수집 및 통합	• 농업 관련 다양한 기관에서 수집한 데이터를 통합하고 표준화 (기상청, 농림수산부 등)	• 보건 관련 다양한 기관에서 수집한 데이터를 통합하고 표준화 (질병관리청, 보건복지부 등)
3. 데이터 공개 및 제공	• 농업 데이터를 플랫폼에 공개 (농업분야 빅데이터 플랫폼, API 제공 등)	• 보건 데이터를 플랫폼에 공개 (보건분야 빅데이터 플랫폼, API 제공 등)
4. 시범사업 개발	• 개방된 농업 데이터를 기반으로 민관 협력 **스마트 농업 서비스** 및 **예측 모델** 시범 개발	• 개방된 보건 데이터를 기반으로 민관 협력 **전염병 예측 시스템** 및 **의료 서비스 개선 모델** 시범 개발
5. 데이터 활용 확산	• 농업 분야 선도 서비스 시범 개발을 통한 농업 혁신 촉진	• 보건 분야 선도 서비스 시범 개발을 통한 건강 관리 및 예측 시스템 확산

- **(분야별 데이터 스페이스)** 자율적 거버넌스 체계를 기반으로, 산업·환경·에너지 등 전략 분야별 데이터 스페이스*를 구성하여 고부가가치 AI 데이터 생성 및 융합 기반 마련
    * (데이터 스페이스) 데이터 제공자와 활용자가 자율적 규약과 신뢰 기반에서 데이터를 공유·연계·활용할 수 있도록 설계된 협업 중심의 데이터 생태계

- **(데이터 협업 공간 구축)** 분야별 공공·민간·연구기관 등 이해관계자 간 자율적 데이터 공유·결합을 위한 협업 구조 설계
- **(분산형 데이터 거버넌스 적용)** 데이터 제공자와 활용자 간 자율 규약에 기반한 분산형 데이터 운영·접근 구조를 도입
- **(AI 데이터 생성 및 유통 기반 마련)** 원천데이터 기반 융합을 통해 도메인 특화형 고품질 학습 데이터를 생성하고, 이를 신뢰 기반으로 유통하는 생태계 조성

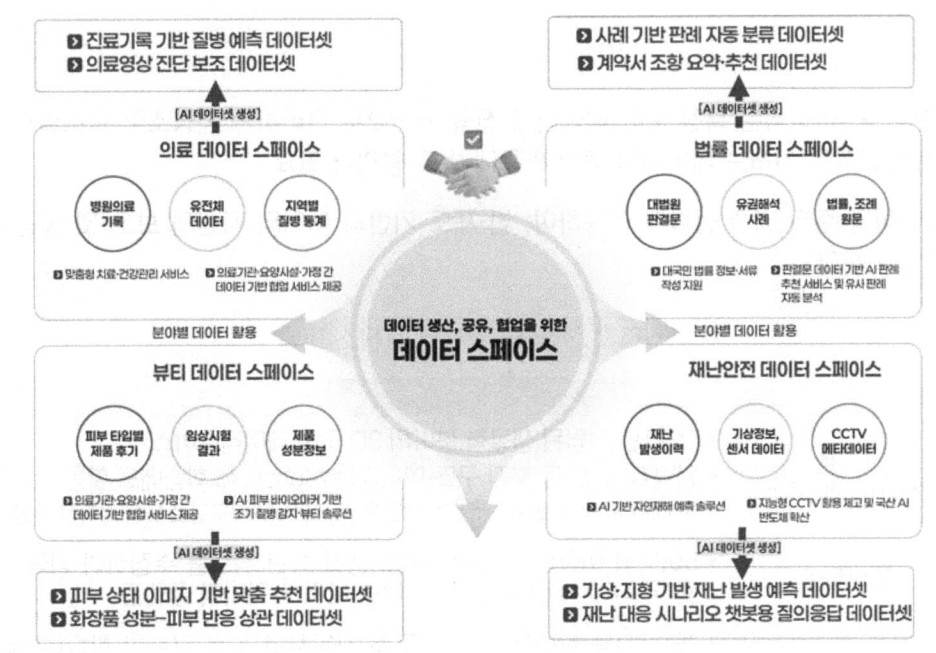

분야별 데이터 스페이스 기반 AI 데이터 생성 예시

2. 고품질 완성형 AI 데이터를 제공하는 AI데이터뱅크(AIDB) 구축

◆ 전략 분야별 **고품질 완성형 AI데이터***의 체계적인 제공으로 국내 AI 개발 수요를 충족하고, 글로벌 수준의 데이터 자산화와 국가 데이터 경쟁력 강화

* 고품질 완성형 AI 데이터 : 효과적인 AI 모델 학습을 위해 특정 분야(도메인) 내 모든 지식 데이터를 종합적/포괄적(Comprehensive)으로 모아 정제하고 구조화한 데이터

추진 배경

- 미국, 영국 등 AI 강국은 특정 분야 데이터를 전략 자산으로 관리하는 저장소를 글로벌로 운영하는 반면, 한국은 AI허브 데이터의 해외 활용에 별도 협의가 필요
- 글로벌 데이터 주권 경쟁 심화에 대응하여, 법·제도 기반의 데이터 자원의 보호 및 활용 체계 정비 필요성 증대

<미국, 영국, 한국의 데이터 저장소 내용>

국가	관련 저장소	주요 내용
미국	PDB (Protein Data Bank)	• 1971년 설립된 생물학 분야의 3D 구조 데이터베이스 • 단백질, 핵산 등 분자 구조 데이터는 AlphaFold 학습에도 활용 ※ Demis Hassabis(Google DeepMind)등은 AlphaFold AI모델로 노벨 화학상 수상('24)
영국	BioBank	• 50만 명 이상의 유전체, 건강, 생활 습관 정보를 수집하여 영국 국내 및 국외까지 제공하는 영국 대형 바이오 데이터 플랫폼
한국	AI-Hub	• "인공지능 학습용 데이터 구축 지원사업"으로 구축한 학습데이터로 14대 분야의 AI 데이터들을 다양하게 구축 ☞ **AI-Hub의 AI 학습용 데이터는 각 분야 내에서 다양한 주제별로 구축되었으며, 국내 이용자 대상으로만 제공 중**

- AI-Hub 개방을 통해 다양한 AI 데이터셋이 구축되어 있으나, 과제별 단편적 구축 중심으로, 분야별로 통합·완성된 형태의 완전한 데이터 생태계 구축 필요
- 분야별 고도화된 데이터 체계를 조성·제공하여, 국내 AI 개발 역량 지원과 글로벌 데이터 저장소와의 연계로 경쟁력 강화 필요

전략 분야별 체계적인 완성형 AI 데이터 생태계 조성으로
2030년까지 국내 AI 개발 수요의 20%*를 AIDB 데이터로 충족

* (산식 예) AIDB 기여도 = Σ (7대 분야 기준, 분야별 데이터 활용도 × 분야별 AI 서비스 시장 크기)

주요 내용

> ① 기술 트렌드 변화에 유연하게 대응하는 **완성형 데이터 생태계 정의**,
> ② **7대 전략 분야별 AI 데이터 수급 체계 구축**,
> ③ **공공-민간 협업 기반 확장과 글로벌 데이터 저장소와 연계**
> ※ 유사 개념 : 바이오 뱅크(UK), Protein Data Bank(US), AI-Hub(한국)

1 주제·분야별 완성형 AI 데이터 생태계 정의

주제별·분야별 AI 데이터의 완성된 생태계를 정의
① AI가 풀어야 할 과제의 구조적 범위 설계, ② 난이도별 데이터 계층화 설계

2 전략 분야 데이터 수급·관리 체계

7대 전략 분야별 데이터베이스 구축
① 원시데이터 소스 확보
② AI-Hub 연계 및 고품질 데이터 수급

3 데이터 생태계 협력 기반 조성

지속 가능한 운영과 생태계 활용 강화
① 공공-민간 협력 기반 조성
② 글로벌 주요 데이터뱅크 연계

- (완성형 데이터 생태계 정의) 산발적인 주제의 데이터가 아닌 분야별·주제별(도메인) 관련한 내용을 모두 포괄할 수 있는 완성된 데이터 생태계 구축을 위해 AI가 풀어야 할 과제 범위와 필요한 데이터 흐름을 전체 지도처럼 설계

완성형 데이터 생태계 정의 흐름

단계	설명	예시
문제(범위) 정의	분야 내 해결할 문제(범위) 선정	• **[산업]** 불량품 감지, 제조공정 최적화, 로봇팔 제어
데이터 정의	범위별 필요한 데이터 종류 선정	• **[산업]** 불량품 감지 → 제품 이미지 + 결함 위치 라벨링
데이터 계층화 (범위와 데이터 연결)	범위별로 계층화된 데이터 연결	• 원시데이터 → 기본 라벨링 → 고급 라벨링 → 고지능 추론AI 데이터

데이터 계층별 구축 예시[국민생활·안전]

범위	원시데이터	기본 라벨링	고급 라벨링	고지능 추론AI
개념	획득 초기 데이터	기본 분류 가공	고차원 패턴 가공	복합적 추론 가공
핵심범위 (산불 예측)	위성·드론 관측 영상	산불 발생 여부	산불 확산 경로, 확산 속도 분석	산불 위험 지역 예측 추론
확장범위 (씽크홀 대응)	지반 안정성 센서 데이터	지반 위협 여부	지반 변형 패턴 분석	싱크홀 발생 예측 추론

- (구조적 범위 설계) 5년 뒤에도 해당 분야의 중요한 문제로 인식될 본질적 문제^{핵심범위}와 기술 트렌드에 따라 추가될 수 있는 응용 문제^{확장범위} 정의
  ※ (예시) 산업 분야(제조) 핵심범위 : 품질, 예지정비, 확장범위 : Edge AI 로봇 제어
- (데이터 계층화) 원시데이터부터 고차원 추론 데이터까지 AI모델 활용과 기술 난이도에 따라 계층별로 AI 데이터 설계 후 일괄 구축
  ※ 데이터 계층은 단계별로 복잡성을 더해가며, 각 범위 해결에 필요한 데이터 제공

● (전략 분야 데이터 수급 및 관리 체계) 완성형 데이터셋 구축을 위한 전략 분야별 데이터 소스 확보와 AI-Hub와 연계형 데이터 수급 체계 수립
  - (데이터 소스 확보) 기존 데이터 획득과 신규 데이터 구축으로 공공데이터 연계, 민간 데이터 제휴 및 획득 곤란 데이터의 합성데이터 구축을 통한 원시데이터 확보 추진
  - (AI-Hub 연계형 수급) AI-Hub 데이터 중 분야별 데이터 선별과 품질 등급화*를 통해 고품질 데이터의 AIDB 연계
    * 유효성 등 품질 지표 달성 수치 기준 최상등급의 데이터 이전
  - (7대 전략 분야) 국내외 산·학·연의 수요를 반영하고 장기적인 투자가 필요한 국가 핵심 전략 분야를 선정하여 분야별 데이터베이스 구축
    ※ 전략 분야별 데이터베이스 內 세부 주제별 범위에 따라 데이터 구축

7대 전략분야별 데이터 생태계 정의 흐름

전략 분야	정의	범위 예시	Data 예시
정부 행정	국가 정책, 법령, 행정자료, 통계 등 정부가 생산·보유하는 공공 데이터 전반	정책 변화 예측	법령DB, 정책보고서, 행정통계, 규제정보
학술 연구	대학, 연구기관이 생산하는 논문, 연구 데이터셋, 실험 결과 등 학술정보 데이터	연구 트렌드 분석 및 자동 요약	논문·리뷰, 연구노트, 실험 결과 데이터
산업	제조, 금융, 유통, 물류 등 산업 현장에서 발생하는 생산, 거래, 운영 데이터	제조 불량품 검출	생산설비, 제품, 불량 라벨링 데이터
국방	군사작전, 위협 탐지, 국방 상황 인식 등 국방 관련 관측·운용 데이터	위협 탐지 및 예측	위성영상, 드론 데이터, 국방 시뮬레이션 데이터
SoC	교통, 에너지, 환경 인프라 관련 도시·국가 기반시설 데이터	교통 흐름 예측 및 최적화	도로 센서 데이터, 교통량실시간데이터
보건·의료	유전체 데이터, 의료영상, 임상시험 데이터 등 보건·의료·생명과학 데이터	질병 조기 진단 예측	의료영상$^{(MRI, CT)}$, 유전체, 전자건강기록$^{(EHR)}$
국민생활·안전	국민 생활 전반의 안전 관련 데이터, 자연재해, 사회적 안전 문제 데이터	산불, 침수, 씽크홀 예측 및 대응	기후·재난 시뮬레이션, 안전 설문, 사고 데이터

※ 국민생활·안전 분야의 국민 생활 원시데이터 획득 방식은 (과제3) AI Token Economy 참고

- (트렌드 대응) 연내 주기적인 확장범위 업데이트와 데이터 생태계 리빌딩으로 급변하는 AI 기술 트렌드를 반영하는 분야별 데이터를 추가 구축

• (생태계 협력 기반 조성) 완성형 데이터 생태계의 지속가능한 운영을 위한 공공-민간 협력 기반 조성과 생태계 활용 강화를 위한 글로벌 연계

- (공동 구축 과제) 공공과 민간이 공동 참여하는 과제 모델로 데이터 생산-가공-검증 전주기에 민관 협력 구조를 도입하여 고품질 데이터 구축
    ※ 데이터 검증 단계 內 민간 참여 확대로 신뢰를 조성하여 국내 AI 개발 수요에 AIDB 활용 유도

- (데이터 대여) AIDB 데이터 활용 목적별*로 제한적 사용범위(데이터 샌드박스형 대여, API 연계 대여 등)를 설정하여 도메인 내 민감정보 등의 활용도 가능하도록 연계
    * ① 학술연구용, ② 공공기관 협업용, ③ 비영리 AI 서비스, ④ 상용제품 개발용 등
    ※ 상용 목적 데이터 대여자는 성과 보고 의무화로 데이터의 효과성과 활용처 추적 가능

- (우수 활용 인증) AIDB 데이터를 활용해 성과(특허, 제품, 논문 등) 창출 기업·기관에는 인증 배지 부여, 인센티브 부여 등 '우수 활용 인증제'로 활성화

- (사용자 피드백) AIDB 데이터를 활용 후 불만/건의/수정사항을 데이터 품질 개선에 반영하고 정기적인 '활용자 리뷰 리포트' 발표로 신뢰성 강화 및 재활용성 확대 유도

- (글로벌 연계) Protein Data Bank(PDB), BioBank 등 글로벌 주요 공공·민간 데이터뱅크와 파트너십 체결 및 국제 표준 대응형 프로젝트 추진

기대 효과

• 미국내 AI 연구개발과 산업현장의 전략적 데이터 수요 충족

• 분야별로 완성된 형태의 데이터 생태계 조성 및 지속적인 변화 대응 가능

• 공공-민간 공동 데이터 자산 기반 AI 산업 활성화

• 글로벌 수준의 데이터 경쟁력 확보 및 국제 AI 데이터 표준 선도

3. AI 데이터 가치를 보장하는 : 신뢰 기반 "AI Token Economy"

◆ **AI 데이터 유통·거래에 블록체인 기반 토큰 이코노미 적용을 통해**
 ① 공정하고 투명한 데이터 생태계 조성
 ② 개인 및 기업의 데이터 공유에 대한 보상 체계 정립
 ※ 유사 개념 : 에어블록(Airbloc) 프로토콜(ABX 플랫폼), 오션(Ocean) 프로토콜

과제 개요

- **(개요)** 참여자 간 데이터 신뢰성을 보장하고, 기여도에 따라 보상받는 투명한 AI 데이터 수집·거래 생태계 "AI 토큰 이코노미" 조성

블록체인 기반 토큰 이코노미 · AI 토큰 이코노미 비교 분석

구분	블록체인 기반 토큰 이코노미 (기존의 가상화폐 이코노미)	AI 토큰 이코노미
개념	• 생태계 유지나 네트워크 기여 시 보상(토큰)을 받고, 이를 현금화 또는 서비스 접근, 투표권 행사 수단으로 사용	• 고품질 데이터 출자나 AI데이터 구축 기여도에 따라 보상(AI토큰)을 받고, AI데이터, 모델, 서비스 활용 수단으로 사용
보상구조	• 블록체인 네트워크 유지·확장(검증·채굴 등) 및 거버넌스 참여를 보상	• AI데이터 출자 및 공유에 대한 기여 보상 ※ 데이터 품질, 활용성이 가치평가 주요 기준
참여자	• 블록체인 노드 운영자, 투자자, 사용자, 개발자	• 데이터 제공자, AI개발자, 서비스 이용자, 데이터 검증자 등
순환구조	• 기여(네트워크 운영) → 토큰 보상 → 금융 가치 실현 → 재투자 및 거래	• 데이터 제공 → 토큰 보상 → 데이터 접근 및 AI활용 → AI 품질 향상

📝 참고 데이터 수익화 토큰 이코노미 참고 사례

▶ **[글로벌]** 개인 및 기업은 데이터에 대한 통제권을 가지고 자산화하여 '**오션프로토콜 토큰**'*으로 거래할 수 있고 AI 데이터 및 관련 서비스 이용과 커뮤니티 거버넌스 참여 가능
 * ASI토큰을 통해 AI 학습을 위한 데이터를 거래하고 관련 AI토큰 생태계(Fetch.ai, SingularityNET 등) 이용 가능
 ※ 참고 : https://oceanprotocol.com/about-us/asi-token/

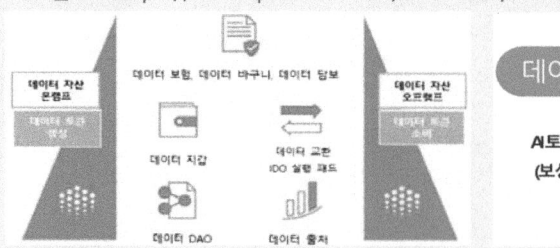

〈 오션 프로토콜 토큰 체계 (오션프로토콜 백서, '20) 〉

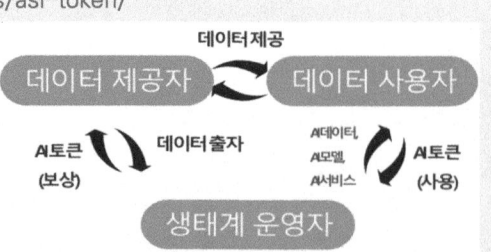

〈 AI 데이터 거래 생태계 (오션프로토콜 참고 작성) 〉

- **(제도적·기술적 기반 마련)** AI 데이터 구축을 위한 데이터 출자와 토큰 보상에 대해 법적·제도적 지위를 마련하고 투명한 AI 데이터 출자·거래·접근을 위한 기술 표준화

  - **(데이터 제공자 보상체계)** 데이터 제공자(개인 및 기업)가 출자한 데이터의 양, 품질, 활용 빈도 등 기여도에 따른 공정한 차등적 AI 토큰* 지급
    * 보유 토큰으로 데이터 플랫폼 내 다른 데이터 활용, AI 서비스 이용, 거래 등 사용 가능
    ※ 개인이 자신의 데이터를 통제하며 데이터 활용 권한 설정 가능

  - **(데이터 품질 검증)** 토큰 보유 주체〈데이터제공자, 데이터사용자〉가 각 데이터의 품질 검증 과정에 적극 참여하여 보상을 받도록 투명한 데이터 상호 검증체계 마련

  - **(접근 권한 관리)** 데이터 접근 권한의 수준과 사용 조건을 스마트 계약으로 설정·관리〈데이터 제공자가 설정〉하고 블록체인 기반의 투명한 데이터 사용 로그 기록
    ※ 데이터 사용자는 데이터 접근을 위해 토큰을 지불하고 데이터가 어디에 사용되는지 기록

  - **(거래 플랫폼)** 데이터 거래 이력, 접근 권한, 사용목적 등을 블록체인 기반 데이터 거래 플랫폼에 기록하여 투명성과 신뢰성 있는 거래 환경 조성
    ※ 보유 토큰을 활용하여 탈중앙화된 거래 플랫폼에서 데이터 제공자·구매자 간의 거래 가능

  - **(스마트 계약)** 데이터 사용, 로열티, 계약 조건 등을 블록체인 기반 스마트 계약으로 자동화하여 데이터 제공자·사용자의 편의성을 향상하고 데이터 거래의 투명성 보장
    ※ 데이터 사용자의 계약 조건 준수와 데이터 제공자의 지속적인 기여를 장려

- **(AI 토큰 생태계 운영 지원)** 민간의 투명한 참여·운영 기반의 AI 토큰 이코노미 생태계를 위해 시범사업 추진, 인센티브 부여 등 운영 확장 추진

  - **(정책참여)** AI 토큰 운영자가 정부 정책 과정에 기술적·제도적 의견을 자유롭게 개진할 수 있는 공식 채널 마련
    ※ 정부-민간 AI 토큰 이코노미 추진위원회 운영으로 주기적인 민·관협력 포럼 및 워크숍 개최

  - **(시범사업)** 초기 AI 토큰 이코노미의 운영비 지원(정부), 토큰 이코노미 생태계 순환을 위한 정부 보증제도 및 저금리 정책자금 지원

  - **(인센티브)** 데이터 품질 향상이나 사회적 가치 창출하는 AI 토큰 이코노미에는 세제 우대나 연구개발비 투자 등의 지원 인센티브 제공

4. 데이터의 효율적 활용 및 혁신을 위한 국가 데이터 인프라 제공

◆ 공공-민간의 데이터를 연계·활용할 수 있는 통합 인프라를 구축하고, 분야별 데이터 스페이스로 데이터 주권 확보와 글로벌 데이터 경제 주도권 강화

추진 배경

- 공공·민간 데이터를 연계·활용할 수 있는 통합 인프라 부재로 인한 데이터 단절 문제 해결 및 데이터 기반 경제 활성화 필요성 대두
  ※ 한국은 공공과 민간 데이터가 부처·기관별로 분산되어 있어 상호운용성이 부족하고, 이에 따라 데이터의 효율적인 활용이 어려워지고 있음

- 글로벌 데이터 경제 체제 참여 및 자국 데이터 주권 확보를 위한 데이터 관리·활용 체계 고도화 필요성 증대
  ※ EU(Gaia-X), 일본(우라노스 생태계) 등은 데이터 인프라를 통해 자국 데이터를 체계적으로 관리하고 신뢰 기반 데이터 유통·거래에서 주도권 확보
    → 분산된 데이터를 통합 관리하고 신뢰 기반 데이터 유통·활용 체계 구축 추진 필요

주요 내용

> **국가 데이터 자원의 효율적 활용과 신뢰성 확보를 위한
> 국가데이터인프라 구축 및 데이터 스페이스 조성**
> ① 데이터 제공자-중개자-이용자 간 원활한 연계 및 공유 기반 구축
> ② 분야별 데이터 스페이스 조성으로 산업 혁신 및 데이터 연계 촉진
> ③ 데이터 라이선스·법제도 정비를 통해 데이터 거래 신뢰성 및 국제적 경쟁력 강화
> ※ 유사 개념 : Gaia-X(유럽), 우라노스 생태계(일본), 디지털 클리어링 하우스(유럽)

- **(국가데이터인프라 제공)** 데이터 제공자-중개자-이용자 간 효율적인 데이터 연계와 공유할 수 있는 공통 기반 제공
  - **(데이터 카탈로그 기반 연계)** 데이터 자원화·효율적인 활용을 위해 공공·민간 데이터의 등록, 검색, 공유 기능을 통합한 데이터 카탈로그 확산
    ※ 국제표준(DCAT-AP 2.1) 기반 분야별 분산된 메타데이터 요소 중 공통 항목 표준화

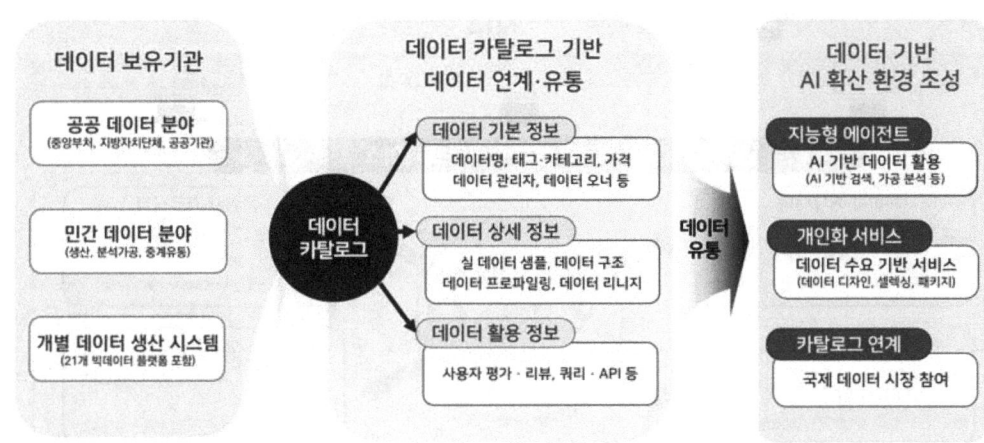

국가 데이터 카탈로그 기반 공유체계

- **(식별·이력관리 체계 정립)** 데이터 소유자 권리 보호 및 안전한 유통 보장을 위해 데이터 자산과 거래내역의 추적·관리체계 적용·확산
  - **식별체계** : 국제 표준과 연계한 식별코드 체계 마련, 데이터의 권리사항 및 이해관계 등 데이터 소유권 기준정보를 관리
  - **이력관리** : 데이터의 등록부터 유통거래, 활용까지의 생애주기 이력을 관리하여 데이터 주권에 대한 통제권을 유지할 수 있도록 지원

- **(국가데이터스페이스 조성)** 다양한 데이터 제공자, 수요자, 중개자가 데이터를 안전하고 효율적으로 공유·활용할 수 있는 '데이터 스페이스' 조성
  - **(분야별 데이터 스페이스)** 분야별 데이터를 연계·공유하고, 혁신 기술을 분야별 데이터 스페이스에 적용하여 분야별 혁신 모델 창출
    ※ 참여자 간 분야별 고품질 원천데이터의 이용료 및 이용 조건 등을 정의하여 분야 내·분야 간 배타적으로 데이터를 교환하고 모델·서비스 개발에 활용

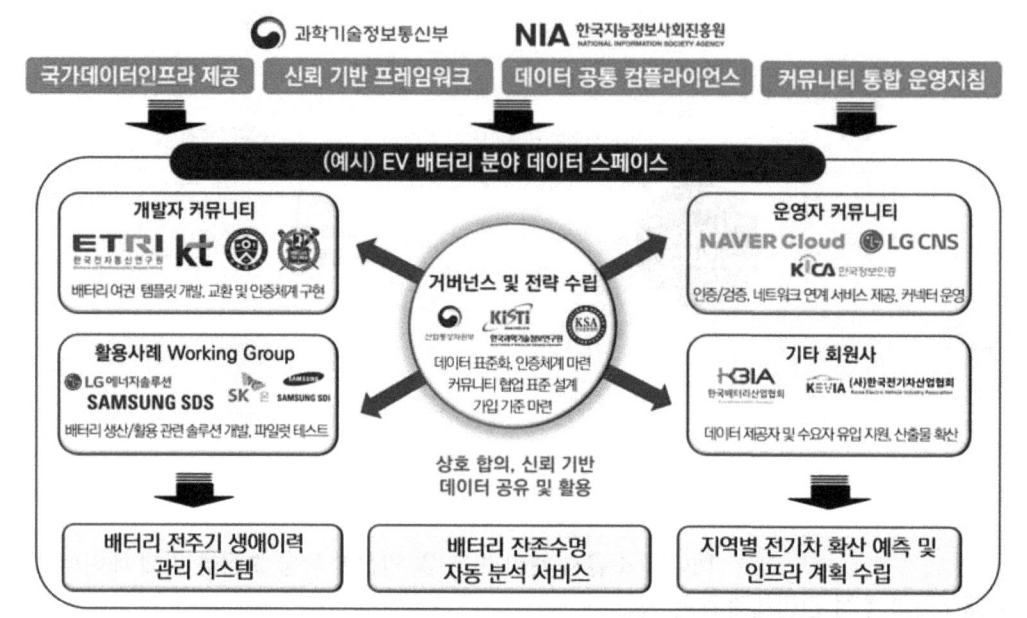

- **(신뢰 기반 데이터 공유·거래)** 데이터 스페이스 內 신뢰 기반 유통·거래를 위한 **데이터 품질 검증, 유통 이력 관리, 수익 정산·배분 체계 '클리어링 하우스' 마련**

  ※ 데이터 제공자와 이용자 간 투명하고 안전한 거래를 위한 **데이터 클리어링 하우스**를 운영하여, 스마트 계약·블록체인을 통해 데이터 거래의 투명성과 신뢰성 보장

- **(법·제도 정비)** AI 데이터의 활용과 보호를 위해 법·제도적 기반 정립 및 글로벌 AI 규제 환경 대응 체계 마련

  - **(AI 라이선스 개발)** AI 모델·데이터 소유권과 활용 범위를 명확히 규정하는 표준화된 한국형 AI 라이선스(가칭AI 누리 라이선스) 개발

    ※ 참여자 간 분야별 고품질 원천데이터의 이용료 및 이용 조건 등을 정의하여 분야 내·분야 간 배타적으로 데이터를 교환하고 모델·서비스 개발에 활용

한국형 AI 라이선스 개발 방향 (안)

구분	주요 내용
한국형 AI 라이선스 "AI누리" 개발	- 기존 공공누리 라이선스 체계를 차용하여 AI 데이터 특성에 맞춘 **4단계 유형 개발** ※ **(예시)** AI누리-1(ODC-Open Data), AI누리-2(CC-BY-NC) 등 국제 기준에 맞춘 유형 적용 - 기업·기관·정부 등 다양한 이해관계자가 활용할 수 있도록 설계
AI 모델·데이터별 권리·허용 범위 지정	- 공개 범위, 출처 표시, 상업적 활용 여부 등 세부 기준 설정 - 모델·데이터 유형별 활용 가이드라인 제공
국제 표준과의 상호운용성 확보	- ODC(Open Data Commons), Creative Commons(CC) 등 **글로벌 라이선스와의 호환성** 유지

- **(신뢰 기반 데이터 유통 법제 정비)** AI 데이터의 안정적 유통과 오·남용 방지를 위한 법적 기준 마련
  ※ 참여자 간 분야별 고품질 원천데이터의 이용료 및 이용 조건 등을 정의하여 분야 내·분야 간 배타적으로 데이터를 교환하고 모델·서비스 개발에 활용

신뢰 기반 데이터 유통 법제 정비 주요 과제

세부 과제	주요 내용
데이터 유통 및 보호 관련 **법제 정비**	- AI 데이터 **저장·관리 및 이동 관련 보호 규정** 수립 (Data Localization 관련 법제도 등) - 데이터 전략 자산화를 위한 **국외 유출 방지** 및 **데이터 주권 확보** 정책 마련
AI 데이터 **유통 플랫폼 인증제** 도입	- 데이터 제공 기관 및 중개 플랫폼의 **신뢰성 검증 체계** 구축 - **AI 데이터 인증제** 도입으로 고품질·고부가가치 데이터 유통 촉진 - 데이터 거래의 투명성 확보 및 **산업별 특화 데이터 인증 기준** 수립
데이터 오·남용 방지 규제 마련	- 데이터 오·남용 방지를 위한 **분산형 거버넌스 도입** 및 **AI 학습 데이터 이력 관리 체계** 구축

- **(글로벌 상호운용성)** 데이터 관련 국제 표준과 연계하고 글로벌 데이터 생태계 참여를 위한 법·제도 및 거버넌스 정비

  - **(국제 표준 연계)** ISO, IEC, ITU, W3C 등 글로벌 데이터 관련 표준과 연계를 강화하고 글로벌 시장에서 활용 가능하도록 개선

  - **(글로벌 데이터 규제 공동 대응)** 데이터 유통과 보호를 위한 글로벌 규제 변화 대응 및 국제 데이터 협력 네트워크에 적극 참여
    ※ (예시) EU DPP(디지털제품여권), 배터리 여권 등 규제 대응을 위한 데이터 규제 준수 법적 가이드라인 마련

  - **(글로벌 데이터 생태계 협력)** 한국의 데이터가 글로벌 생태계에서 원활하게 유통되고, 해외 AI 산업과 연계될 수 있도록 지원

세부 과제	세부 과제	주요 내용
EU Gaia-X	한국 내 데이터 스페이스 구축을 위한 국제 협력 강화	- Gaia-X의 데이터 스페이스 개념을 도입하여 **산업별 데이터 공유·유통 체계 구축** - Gaia-X 표준을 기반으로 **국내 데이터 공유 플랫폼을 글로벌 시장과 연계**
일본 우라노스 생태계	한·일 기업·연구기관 간 데이터 공유 네트워크 구축	- 한·일 AI 및 **데이터 공유 플랫폼** 개발을 위한 협력 추진 - 연구기관 및 기업 간 데이터 활용 협약 체결 및 공동 연구 지원

기대 효과

- 공공-민간 데이터 연계·공유 기반 통합 인프라 구축을 통한 데이터 활용성 극대화
  - 부처·기관별 분산 데이터를 통합 관리하고, 다양한 분야 간 데이터 상호연계 및 융합 촉진

- 국가 데이터 주권 확보 및 글로벌 데이터 경제 체제에서의 주도권 강화
  - 데이터 소유권, 접근권, 거래 기준을 명확히 하여 자국 데이터의 보호 및 국제 데이터 흐름 통제 능력 제고

- 데이터 신뢰성, 상호운용성 기반 글로벌 표준 연계 및 국제 경쟁력 확보
  - DCAT-AP 기반 메타데이터 표준화, API 연계 체계 마련을 통해 글로벌 데이터 교환 생태계 참여 가속화

- 분야별 데이터 스페이스 구축을 통한 신뢰 기반 데이터 협력 생태계 조성
  - 교통, 헬스케어, 농업 등 분야별 데이터 공동체 조성을 통해 분야 간 데이터 공유·활용 모델 정착

참고 　국가 데이터 인프라 개념

■ 국가 데이터 인프라(NDI)란?
- 데이터의 막힘없는 흐름과 이용이 가능하고, 데이터 주체의 권리를 보장하는 기술적·제도적 기반

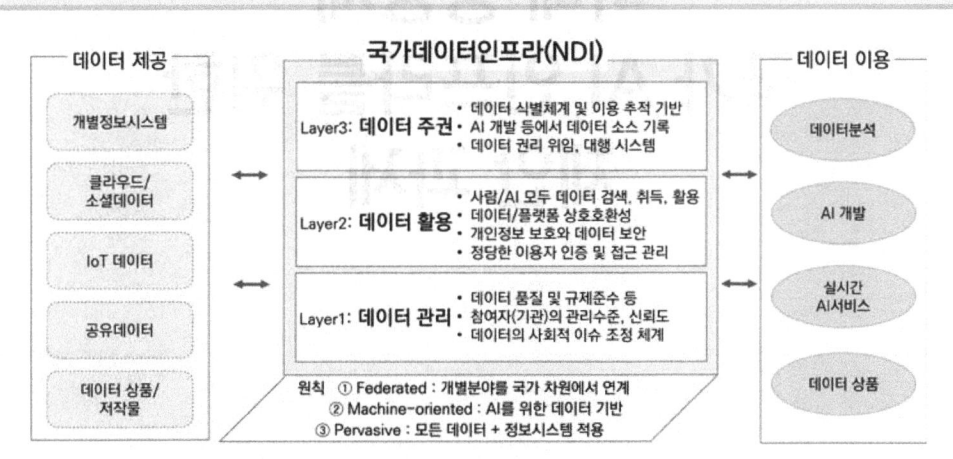

국가 데이터 인프라의 기본 구조

■ 구성 영역
- 데이터 관리부터 주권 보장까지 계층 별로 공통 규칙과 기술 기반 제공
  - 데이터 관리 : 유통되는 데이터의 품질과 신뢰성을 확보하고 규칙에 동의한 참여자의 활동 보증
  - 데이터 활용 : 상호운용성을 보장하면서 동시에 안전한 데이터 유통과 활용 보증
  - 데이터 주권 : 모든 참여자의 데이터 주권과 자기결정권 행사를 보증

■ 운영 원칙
- 전 계층에 공통적으로 준수해야 할 3대 원칙
  - 연합형 거버넌스(Federated Governance) : 각 분야의 자율성을 존중하면서 국가 차원에서 연계
  - 기계활용 지향(Machine-oriented) : 인공지능(디바이스)의 데이터 활용을 우선 전제로 함
  - 만연된 적용(Pervasive) : 모든 데이터와 정보시스템에 적용 가능해야 함

※ 출처 : NIA, AI@Data Report 2024 제1호(2024.8), '국가 데이터 인프라 개념과 추진 전략'

II
미래 공공재 국가 AI 인프라를 위한 제안 과제

5. 지능형 네트워크 구축을 통한 AI 실증단지 조성

◆ 지능화된 네트워크 구축을 통해 AI 실증단지를 조성하여 AI 융합서비스* 및 장비·디바이스 생태계 조성
  * 로봇, 드론, 자율차, UAM, XR글라스 등 AI 디바이스 기반 모빌리티, 도시, 공공안전, 제조·물류 등
  ※ ('26) 테스트베드 구축, (~'28) AI 시범도시, (~'30) 초광역 시범도시 완성

추진 배경

- AI는 GPU/NPU 등 AI 반도체로 동작하고, AI 반도체는 기존 대비 월등한 데이터 처리로 병목현상 해소를 위해 **수십~수백 배 이상 빠르고 지연없는 고성능 네트워크 구축 필요**

- 휴머노이드 로봇, 드론, 자율자동차 등 Physical AI를 적용하는 AI 실증단지 조성을 위해서는 **5G-IoT*와 AI-RAN**과 같은 AI 네트워크가 필요**
  * 방대한 데이터 수집을 위하여 5G-IoT를 구현하여 '초연결', '초공간' 통신 실현
  ** AI 추론 기능을 기지국(RAN)의 엣지에 구현하여 '초고속', '초저지연' 통신 실현

  > ▶ 'Physical AI'는 AI가 물리적 환경과 직접 상호작용하며 스스로 판단하고 움직이는 기술로, 이를 뒷받침하기 위하여 GPU가 탑재된 **AI 무선 네트워크가 반드시 필요**
  >   - AI 디바이스·네트워크·클라우드가 종합적으로 융합된 네트워크에서 개발·실증
  >   - 드론, 로봇, 자동차 등에 탑재된 카메라를 AI 네트워크가 실시간 상황을 파악하여 재난 현장, 안전, 편의 시설 등에 활용

주요 내용

◆ AI 네트워크를 선도 적용하여 광역 단위 AI 실증단지의 성공적 구축과 확산을 견인

- (테스트베드) 시범 지역 전역에 **5G-A IoT, AI 데이터센터, AI-RAN 및 초고속·초저지연 네트워크** 등으로 테스트베드 구성(~'26)
  ① 공간정보 등 AI 학습에 필요한 방대한 데이터를 시·공간을 초월하여 **위성과 5G-IoT(eRedCap)로 실시간 수집**
    ※ 저비용 저전력 5G-A(Advanced) IoT 센서(온도, 영상, 위치 등), 로봇, 차량, 드론, UAM 등에서 데이터 수집과 초저지연 원격 조종 실현

② 위성·IoT 등으로부터 수집된 데이터는 **AI 데이터센터 내부의 클라우드**에 가공·정제·분석되고, AI 학습을 통한 모델 개발

　※ 대규모 데이터 분석·학습(GPU) 및 AI 모델 배포, AI 학습 플랫폼, 디지털트윈 등

　- AI 컴퓨팅센터 내부 및 센터 간 GPU 클러스터를 상호 연결하고, 다수의 GPU를 연결하는 고성능 교환장비(스위치) 및 전송장비 구축

③ 도시·교통·제조·유통·산단 등 실증단지에 초저지연·초지능 서비스를 위하여 **무선기지국에 GPU가 내장된 AI-RAN 구축**

④ 차별화된 서비스 제공을 위하여 **초고속·초저지연 유무선 위성 네트워크** 구축

　※ 5G-A SA와 6G 및 초고속·초저지연 백본망·가입자망, 고성능 AI 데이터센터 네트워크, 위성 등

⑤ **AI 기반 망운영·관리 자동화·지능화** 및 **제로트러스트 보안 적용**

- **(AI 실증단지 구축)** 지역에 구축된 AI 네트워크 테스트베드와 **공간서비스 인프라*** 를 기반으로 **버티컬** 실증단지 구축(~'28)**

　* 전기차충전소, 에너지공급 등 충전인프라, 신호제어기 등 도로교통 기반인프라, 스마트폴, CCTV, 환경센서, 방범시설 등 도시기반시설, 에너지 환경기반 인프라 등
　** AI 모빌리티 : L4이상 자율주행, 도로 기반 교통 AI 제어, V2X 기반 차량 협업 등
　　AI 제조·유통 : AI 기반 공정 품질 검사, AI 기반 자율 물류 이동 로봇(AGV) 등
　　AI 도시·안전 : AI 환경 제어, 로봇·드론 순찰, 산불 등 재난 대응 로봇, 치안·범죄 등

- **(초광역 지역으로 AI 확대)** 지역 AI 시범도시 구축 결과를 바탕으로 도시 전역으로 확대하고, 6G 이동통신망 최소 상용화('30)

기대 효과

- 지역의 AI 및 광통신 기술을 바탕으로 AI 전용 네트워크 구축을 통해 **Physical AI를 실현함**으로써, **재난·환경 등 도시·사회문제 해결 지원**

6. 지역별 AI Farm 조성으로 AI를 활용한 지역문제 해결

◆ 전국 각 **지역에 AI Farm*을 구현**하고 고성능 **네트워크**로 연결**하여 ①누구나 쉽고 저비용으로 AI 활용, ②현장 밀착형 AI 활용 실현 ③지역 AI 전문가 육성
　* AI 데이터센터를 농장 단지와 같은 형태로 지역별로 구축하고, 지역에 인접한 전력, 통신, 냉각수 등 인프라를 활용하여 지역민이 AI 컴퓨팅 자원을 활용하는 모델
　** 지역별 AI Farm를 구축하고 KOREN을 활용해 지역별 AI를 상호 연동하여 지역 간 AI 협력체계 구축

추진 배경

- 현재 지역사회는 인구감소와 노령화로 소멸 위기를 겪고 있으나, **지역 인재 및 현안에 대한 AI 지원은 더욱 취약**해지고 있음

- 발전시설은 지역에 위치하나 수혜자는 수도권에 집중되어 있어, **전력을 공급하는 지역에 GPU 자원 공급 기회를 확대**하여 형평성 제고

- 국가컴퓨팅센터, NHN광주센터, 통신사 GPU 서비스 등 국가와 대기업 차원의 **GPU 공급은 증가**하고 있으나, **지역사회를 위한 정책과 인프라는 부족**

- 저렴한 GPU 자원 공급, 현안 해결 프로젝트, 교육 프로그램으로 **지역 AI 전문가 육성 및 현안 해결** 등 지역 발전 도모

주요 내용

- **(지역별 AI 기반 조성)** 지역 AI 육성을 위한 **17개 권역별 AI Farm 구축**
  - 각 지역별 전력·공간·지역데이터 등을 활용하고, 농업·제조·의료·복지 등 지역 현장 AI를 지원하는 전 권역 AI Farm 구현

- **(AI Hyper-Net)** 차세대 AI 네트워크 선도 연구시험망을 구현하여 권역별로 구축된 AI Farm을 연결하고 전국의 AI 컴퓨팅 자원과 데이터 협력체계 구축
  - 'AI Hyper-Net' 구현을 통해 지역 GPU 자원을 연계하여 지역의 대학·연구소·기업에 GPUaaS 형태로 공유
    ※ AI Hyper-Net : 17개 전국 거점을 초고속(수백기가~Tera급)·초저지연(0.1ms~0.01ms)으로 연결하는 선도·연구·시험 네트워크
    ※ 안정된 GPU Farm 구축을 위한 검증 가이드(GPU, 네트워크, 스토리지, 클러스터 등) 수립

- **(지역별 특화 모델 개발)** AI Farm을 기반으로 지역 맞춤형 특화 AI 데이터 구축, 서비스 모델을 개발하여 지역의 현안 해결
  - 농업, 복지, 산업, 관광, 인구소멸 등 지역별로 당면한 문제가 상이한 만큼, 지역 문제를 지역 스스로 AI를 이용해 해결할 수 있는 기반 마련

- **(지역 인재 육성)** 지역 자체적으로 AI 서비스를 구축하고 운영할 수 있는 전문가를 육성하고 AI 전문가의 수도권·해외 유출 방지
  - 지역 대학, 창업 센터 등과 연계하여 AI 기반 지역 문제 해결 전문가 육성 및 지역별 AI Farm을 구축하고 운영하는 전문 기술 인력 양성

기대 효과

- 지역 간 AI Farm 연계를 통해 **대규모 AI 센터 구축 효과를 구현하고, 지역 간 AI 자원 활용 편차를 제거함으로써** GPU 자원의 활용률을 고르게 증대

- 현장 밀착형 AI Farm 확산으로 **전체 지역의 AI 산업과 생태계 육성**

- **지역의 컴퓨팅 전력 자원을** 원거리 송전 없이 **지역 내에서 활용**함으로써 수도권-지역 간 전력 불균형 문제 해소에 기여

7. 양자AI 컴퓨팅 기업 육성

◆ 산·학·연·관이 참여하는 **양자AI 컴퓨팅 인프라를 조성**하여 양자산업 생태계를 만들고, **양자전문기업 5배 육성**
※ (~'27) 양자컴퓨터 활용 인프라 구축, (~'30) 양자기업 500개 이상 육성, 양자기술 세계 3위

추진 배경

- **양자기술**은 미래 기술 패권을 좌우할 핵심 전략기술 분야이자, AI·바이오 등 **첨단산업의 혁신적 변화를 이끌 게임체인저로 주목**
  - AI 발달로 폭증하는 **데이터 연산을 양자컴퓨팅 기술로 극복***, AI 활용을 극대화하고 신약 개발, 금융 등 다양한 산업에 적용 전망
    * 얽힘과 중첩 원리에 기반한 양자컴퓨터는 저전력, 대규모 병렬연산으로 디지털 컴퓨터와 비교 불가 수준의 월등한 연산력($N \rightarrow 2^n$) 제공 가능
    ※ 양자처리장치(QPU)가 중앙처리장치(CPU) 및 그래픽처리장치(GPU), 언어처리장치(LPU)와 통합되어 새로운 알고리즘이 등장할 것으로 전망(데이터 분석기업 SAS, 빌 위소츠키 수석)

- 또한, 양자컴퓨터 개발로 기존 암호체계 무력화 우려에 따라 **양자기반 초신뢰 네트워크 구현** 등 국가 보안체계 전반에 대한 대비 필요
  - 한국은 양자내성암호 마스터플랜 수립, 양자암호통신 보안제도 시행 등을 추진하고 있으나, **국방·공공·금융** 등 분야에 **확산 미흡**
  - 해외 주요국은 국가 차원의 양자안전암호망 구축, 양자컴퓨팅 센터 간 양자암호통신 연결, 유선을 넘어 무선·위성 양자암호기술 확보 등 미래 대비
    ※ (EU Euro QCI) 독일, 프랑스, 스페인 등 27개 국가에 QKD 백본망 구축, (美 JPMC) 글로벌 금융망 양자암호 전환, (싱가포르) 전국 상호운용 가능한 양자 안전망 시범구축 및 QKD/PQC 활용 기업연계 실증, 2033년까지 양자암호 전환 추진

- 기술추격 중인 **국내 AI 기업에 양자컴퓨팅 융합 역량을 내재화**하고 국가 중요 인프라의 양자전환으로 공공수요 창출 및 선도국 도약 발판 마련
  ※ 양자기술은 국가 안보에 중요한 수출통제 전략물자로 핵심기술 내재화가 중요
    (美) 중국 양자컴퓨터 투자 금지·제한 행정명령('23.8), 상무부 양자컴퓨터 소재·부품·장비 수출통제('24.9), (英) 34큐비트 이상 양자컴퓨터 등 신흥기술 수출규제 확대('24.4)

- 우리나라도 글로벌 기술 주도권 확보를 위해 양자기술산업법('24.11월 시행), 퀀텀 이니셔티브 추진전략('25.4월) 등 제도적 기반을 토대로 본격 산업화 돌입 필요

주요 내용

- **(양자AI 활용 생태계 구축)** 양자AI 활용을 위한 기반(양자컴퓨팅 활용센터, 클라우드 등)을 조성하여 기업의 양자컴퓨팅 도입·활용 촉진

    - 지역 내 대학·연구소·기업 등 대상 알고리즘 공동개발·시범적용 등을 위한 **플랫폼 별* 저비용 이용 환경 제공** 및 양자와 AI가 융합된 **활용사례 발굴**

        * 초전도(IBM, 구글), 이온트랩(아이온큐), 양자어닐링(디웨이브) 등 플랫폼에 따라 알고리즘 개발 방법이 상이하여 다양한 개발환경 제공이 필요

    - 국내 출연연이 개발중인 양자컴퓨터 실물 및 클라우드 기반 양자컴퓨터 지원센터를 조성하여 **국내 AI·SW 기업의 양자컴퓨팅 활용** 촉진

        * (KRISS) 20큐비트 초전도 양자컴퓨터 시연, (ETRI) 8큐비트 광기반 양자컴퓨팅 개발, (연세대) 127큐비트 IBM 양자컴퓨터 도입, (충북대) 핀란드 IQM 양자컴퓨터 도입

- **(전산업 양자기술 활용·확산)** 양자 클러스터 조성과 연계하여 제조, 바이오 등 **산업 전 분야에 양자기술 기반 현안 해결 솔루션**을 발굴하고 활용·확산 촉진

    - 양자 R&D 결과물을 사업화로 빠르게 연계하고, 첨단산업과 양자기술이 융복합되어 양자전환 촉진을 위한 지역거점 중심의 산·학·연 협력 추진

        * (양자 클러스터 정의, 「양자기술산업법」 제2조) 양자과학기술 및 양자산업을 육성하기 위하여 기업, 대학, 연구소 등을 상호 연계하여 조성하는 지역

    - 양자 초기시장 창출 및 산업육성을 위해 전주기 기술사업화 지원체계 및 양자 분야 핵심 지식역량의 지속적 축적·통합 관리를 위한 기반 마련

    - 기존 산업인력의 양자 전환 지원 및 실무형 핵심인재 확보를 위한 기업 맞춤형 교육과정 및 산·학 연계 기술협력 등 양자 핵심·산업인력 양성 추진

- **(국가 인프라 양자안전망 전환)** 높은 보안성을 요구하는 국가 중요 인프라(국방·행정·공공·금융·의료 등)에 **초신뢰 양자암호통신·내성암호 전면 도입**

    - 국가 중요 인프라 및 차세대 단말(로봇, 자율주행 등 physical AI) 대상 양자암호 기반의 초신뢰 전국망을 구축·실증하여 공공수요 창출

    - QKD(양자키분배), PQC(양자내성암호) 기반 하이브리드 양자암호통신 기술을 접목한 유연하고 확장적인 차세대 국가 보안체계 설계

        * 네트워크/플랫폼 보안은 양자키분배(QKD), 데이터/사용자 보안은 양자내성암호(PQC) 적용 등 네트워크·플랫폼·데이터·사용자 관점의 제로트러스트 국가보안 통합가이드 마련

양자융합 전국 4대 K-Quantum Hub

"첨단산업"과 "양자기술"을 융합한 전국 양자 테스트베드 구현과
지역기반 양자 클러스터 조성으로 새로운 대한민국 성장동력 창출

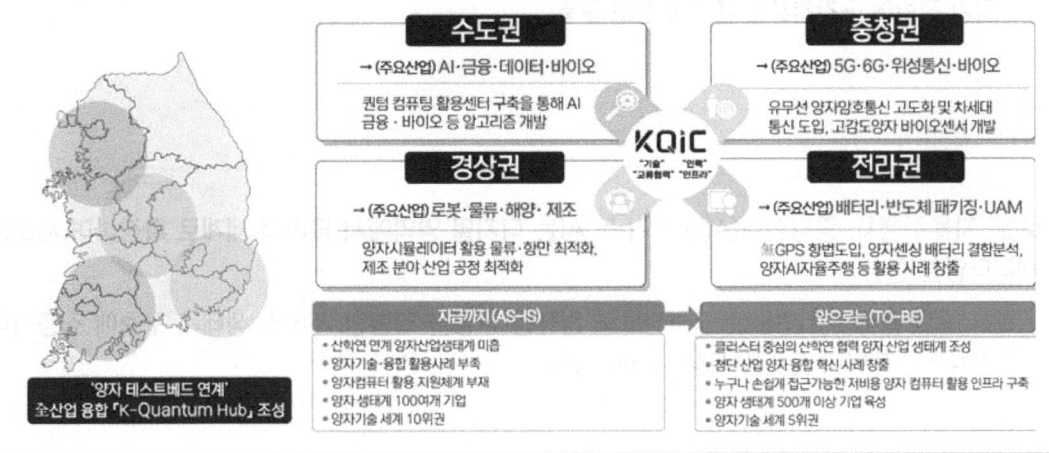

기대 효과

- 기술 추격 중인 **국내 AI 기업의 양자컴퓨팅 역량 내재화**로 글로벌 기술 선도국 도약 및 내실있는 양자산업 생태계 조성

- 양자컴퓨팅 보안 위협에 대한 선제적 대응을 통해 국가 중요 인프라의 **정보유출을 원천 차단**하고 안전한 대한민국 실현

- 기존 첨단 산업에 양자기술 융합을 통해 **의료·바이오, 반도체, 교통·물류** 등 **新성장 산업의 패러다임 변화 주도**로 혁신 경제 실현

8 공간컴퓨팅 플랫폼 구축으로 Physical AI 선도국 실현

◆ 로봇, 자율자동차, 드론, 증강AI 서비스 등 한국이 AI 핵심서비스 개발에서 앞서갈 수 있도록 국가 전반에 공간컴퓨팅 플랫폼 선도 구축

추진 배경

- 로봇, 자율주행차, 증강현실(AR) 기기 등 **AI는 디지털 영역에서 물리적 세계로 확장**하며 새로운 패러다임을 형성
  - 특히, 글로벌테크 기업들은 공간정보와 컴퓨팅 환경을 결합한 서비스 생태계 구축에 집중하며 공간컴퓨팅 데이터 플랫폼 시장 지배력 강화
    ※ 엔비디아(NVIDIA)는 가상 세계에서 로봇을 테스트하고 실행할 수 있는 디지털트윈 시뮬레이션 플랫폼 Omniverse와 COSMOS를 통해 '22년부터 로봇을 훈련

- 한국은 반도체, 통신 인프라, 제조 기술 등 Physical AI 구현을 위한 핵심 요소 기술에서 세계적 경쟁력을 보유하고 있으나, 통합적 공간컴퓨팅 인프라 구축에서는 초기 단계에 머물고 있는 실정
    ※ 공간정보의 디지털화, 실시간 데이터 처리 및 활용, 물리-디지털 연계 기술 등에서 선진국과의 격차 존재

- 현실 세계의 물리법칙을 가상 공간에 적용하기 위해 국가 차원의 통합적·전략적 접근을 통한 **공간컴퓨팅 인프라 조기 구축 필요**

주요 내용

- **(공간정보)** 자율자동차, 로봇 등을 위한 3차원 모델데이터와 시뮬레이션 도구 구축을 위한 다양한 실내외 공간정보 고도화 등 **국가 공간정보 디지털화 가속화**
  - 공장, 건물 등 고정밀 3D 공간정보 구축, 실내외 공간정보 통합 관리·활용체계 마련 및 공공-민간 공간정보의 통합적 관리 및 활용체계 마련
  - IoT, 로봇, 드론 등을 활용한 다중 소스 공간정보 통합, 실시간 변화 탐지 및 공간정보 자동 업데이트를 통해 플랫폼 기반 공간정보 수집·검증체계 마련

- **(공간네트워크)** 실내외 공간, 시설, 자원을 차세대 통신 네트워크와 센서로 유기적으로 연계하는 **초고속·초저지연 AI 네트워크 인프라 구축** ☞ 과제 ⑤ 참고

- 대용량 공간데이터 실시간 전송을 위한 네트워크 최적화, 정밀 위치 기반 서비스를 위한 네트워크 슬라이싱 기술 적용 등

• **(공간컴퓨팅)** 물리적 공간에 대한 실시간 분석을 통해 **AI가 환경을 정확히 인식하고 반응할 수 있도록** 엣지 컴퓨팅, 지역거점 컴퓨팅, 도시 컴퓨팅 유틸리티 등 최적 컴퓨팅 자원을 입체적으로 구성
  - 클라우드-엣지-온디바이스 연계를 위한 최적 컴퓨팅 환경을 설계하고, 가양한 기기와 서비스 간 상호운용성 보장을 위한 표준 플랫폼 구축

• **(공간서비스인프라)** 스마트시티와 연계하여 대규모 **Physical AI 실증환경을 조성**
  - **(물류 선도 도시)** 자율주행 화물차, 지역 내 라스트마일 배송 로봇, 스마트 물류센터 및 자동창고 등 (AI·로봇) 첨단 물류체계 전면 구축
  - **(에너지 선도 도시)** AI 스마트 그리드, 신재생 에너지 실시간 제어, 위험 설비 점검 로보틱스 등 (AI·로봇) 에너지 자급자족형 도시 구축
  - **(전원 선도 도시)** 완전자율 트랙터, 스마트팜 및 정밀 농업, 고령자 돌봄 로봇, 원격 의료·교육망 등 (AI·로봇) 도농 융합형 도시 구축

기대 효과

• 공간컴퓨팅 데이터 플랫폼 구축으로 세계 최고 수준의 Physical AI를 선도적으로 개발하고 적용하여, **시민 삶의 질 향상, 새로운 산업 및 일자리 창출** 등에 기여
  - 공간컴퓨팅 기술을 통해 최고 품질의 로봇, 드론, 자율주행 자동차를 상용화하고, Physical AI를 위한 데이터 플랫폼 분야 신산업 창출

Ⅲ
국가 혁신 역량
AI 문명선도를 위한
제안 과제

9. AI 기술 기반의 디지털포용사회 확산

◆ 포용적인 AI를 개발하고, 동시에 AI로 포용적인 기술을 개발·확산하여 **모두에게 접근가능한 (Accessible for All) 포용사회**를 구축

추진 배경

- PC·모바일 시대를 벗어나 다양한 형태의 디지털 제품·서비스가 일상에 스며듦에 따라 **기술 적응 지체(소외) 및 역기능 심화**
  - 유럽접근성법(EU)*, 디지털포용법(한국)** 등 국내외적으로 ICT 제품·서비스 개발·도입 단계에서 **포용성(Inclusiveness) 보장을 의무화하는 추세**
    * 「유럽접근성법(European Accessibility Act)」'25.6월 시행 ** 「디지털포용법」'26.1월 시행 예정

- 포용의 관점에서 **AI는 기존의 사회적 문제와 격차를 해결할 잠재력**이 있지만, 동시에 **AI 자체가 새로운 장벽**이 될 가능성 존재

> **참고** AI로 인한 격차와 장벽
>
> ▶ **사회적 격차 심화** : AI 서비스에 대한 **지불가능성 및 숙련도, 직무의 AI 대체가능성**(노출도/보완도)에 따라 **개인·산업·국가 간 사회경제적 격차 심화**
> ▶ **문화적 차별 반영** : 장애인의 **부정적인 고정관념**(휠체어에 앉은 모습, 슬퍼하거나 부정적인 표정 등)**이 반영된 이미지, 장애 관련 용어**(e.g. blind)**를 부정적 의미로 분류**
> ▶ **AI 기능 장벽** : 비전형적 음성(말더듬 등)에 대한 데이터 부족으로 청각·언어**장애인 이용 시 AI 음성 인식률 저하, 장애로 인한 신체적 특징**(시선처리, 몸 움직임 등)**을 이상치로 처리하거나 왜곡**
> ▶ **차별적인 의사결정** : 채용·복지 등에 있어 고령자나 장애인 등 **취약계층의 특성 및 개별 필요를 반영하지 못하거나 불리한 판단**을 내리는 경우

주요 내용

- **AI 기술의 포용성 확대** (Inclusiveness of AI)
  ① (AI 서비스 바우처 지원) **AX 전환이 시급**하거나 **AI 직무 대체 위험이 높은** 국민들에게 **유료 AI 서비스에 대한 이용 바우처** 제공
    ※ 시혜적인 국비 투입을 넘어 국민들의 실질적인 활용 및 국가경쟁력 제고로 이어질 수 있도록 [1]**국가대표 LLM 모델 연계** 및 [2]**교육기관 중심으로 교육 프로그램 및 성과평가 체계 연계** 필요

② **(포용적 데이터셋 구축 및 시민 참여)** AI 데이터 구축 및 모델 학습 단계에서 사회적 편향과 차별이 반영되지 않도록 **소외계층·지역 AI 데이터셋 구축 및 시민 모니터링* 확대**

    * (시민 모니터링단) 장애인·고령자 등 민간기업 의사결정에 참여하기 어려운 **취약계층**이 AI 데이터 수집, 개발 및 테스트, 배포 단계에서 모니터링할 수 있도록 모니터링단 구성 및 도입 의무화

③ **(AI 역기능 방지 가이드라인 제공)** 할루시네이션, 편향성(Bias) 등 **AI 과의존**(AI Overreliance 또는 AI Dependence) 방지를 위한 **기술 가이드라인과 자체 검증도구 개발**

- **AI 기술을 활용한 포용 서비스 확대** (AI for Inclusiveness)
  ① **(AI 포용기술 산업 생태계 조성)** R&D 지원, 전문인력 양성 등 **AI 포용기술(수어 AI, 대화형 키오스크 등)이 민간에서 자생적으로 성장·확산**되도록 기술 생태계 구축

      ※ (민·관 ESG 협의체 구축) 정부 주도의 정책사업 추진방식을 넘어, 민간이 보유한 혁신적 포용기술을 정부 자원(교육시설, 경로당 등)을 통해 실증·확산해 볼 수 있도록 다양한 협력 프로그램 운영

  ② **(AI 기반 포용성 진단 및 기술개선)** AI를 도입해 **사회 전반(공공/민간/개인)의 복합적인 디지털 포용성 수준을 진단하고 개선 솔루션 지원**

> 📝 **참고**   AI 기반 디지털 포용성 수준진단 방안
>
> ▶ **공공 | 정책·사업 :** 국가기관 등의 **정책·사업** 추진 시 사회적 디지털 포용 수준에 미치는 영향에 대해 AI 기반으로 평가
>
> ▶ **민간 | 제품·서비스 :** 디지털 제품·서비스가 포용적 설계 표준을 준수하는지 여부에 대한 AI 기반 검·인증 운영
>
> ▶ **개인 | 사용자 :** 디지털 서비스별 핵심과업의 완수율·완수시간·만족도를 측정하여 국민이 체감하는 접근성·사용성·포용성을 진단

기대 효과

- **AI로 발생할 문제(비용격차·편향·과의존 등)에 선제적으로 대응**하고, 기존의 문제(불편한 키오스크의 확산 등)는 AI로 개선

- 국민 개개인의 노력(역량)에 기대는 방식을 넘어, **사회 자체 모든 부문에 포용성을 내재화**하여 **누구나 AI의 혜택과 편익을 누릴 수 있는 국가를 구현**

10 '세계에서 AI 가장 잘 쓰는 국민'을 위한 리터러시 함양

◆ 모든 국민이 AI 시대를 살아가기 위한 건강한 시민성을 갖출 수 있도록 **필수역량을 규정**하고, **표준화된 교육관리 체계를 구축**

추진 배경

- 일상 모든 영역에 AI가 도입됨에 따라 **새로운 역기능**(딥페이크, 개인정보 침해, 할루시네이션, 정보편향 등)과 **AI 격차**(개인·기업·지역) **위험 심화**
  - AI 안전성에 대한 규제·기술개발 위주 정책만큼이나, **실제 사람들이 AI 시스템의 작동원리를 이해하고 비판적 사고와 책임감을 가지고 사용**하도록 하는 리터러시 함양 필요

주요 내용

- **(AI 역량 프레임워크 구축)** 기존의 디지털 기술 숙련도(Skills)를 넘어서 필수적인 AI 리터러시를 갖추기 위한 **新디지털 역량체계** 마련
  ※ 기존 디지털 역량의 4개 영역(활용·소양·예방·참여)을 AI 시대로 확장하여 재해석 필요

📝 **참고** AI시대 4대 필수역량(안)

구분	정의(디지털포용법 제14조제4항)	AI 필수역량
활용	필요한 지능정보기술 및 지능정보 서비스를 찾아서 이용할 수 있는 역량	AI를 활용해 새로운 생산성·창의성을 도출하기 위한 논리적 AI 소통능력
소양	지능정보기술 및 지능정보서비스를 이용할 때 타인을 존중하고 배려할 수 있는 역량	딥페이크, 가짜뉴스 등 AI 콘텐츠를 올바르게 활용·이해할 수 있는 AI 리터러시
예방	지능정보사회 역기능으로부터 자신과 타인을 보호할 수 있는 역량	개인정보 노출 등 생성형 AI 역기능에 올바르게 대처하는 예방 역량
참여	다양한 지능정보사회 활동에 능동적으로 참여할 수 있는 역량	생성형 AI를 활용해 창조적 활동과 사회적 참여를 증강

- **(진단도구, 커리큘럼)** 프레임워크 기반 역량 수준 **자가진단도구*** 및 **연계되는 표준 교재 및 교육 포트폴리오**(최적 커리큘럼 경로) 개발
    * 설문조사 방식 外 다양한 방법론 도입(e.g. 딥페이크 인식검사, 에뮬레이터 기반 사용성 테스트 등)

- **(AI리터러시 실천 '패스(이용권)' 지원)** AI 리터러시 역량 진단 및 교육 이수자 대상 다양한 **AI 유료 서비스 활용 지원권** 제공

- **(디지털 배지*)** 개인 역량 수준 및 교육 기록이 담긴 **'디지털 배지'** 발급
    * 디지털 배지(Digital Badge) : 교육 분야 마이크로러닝과 학습경로 설정을 위해 도입되고 있는 블록체인 기반 인증서로, 개인 학습 이력과 역량 수준 등을 저장·상호인증 가능

- **(全 국민 AI 역량 거버넌스 구축)** 기존 개별 교육사업 중심의 운영을 통합·고도화하여 **AI 역량 지원체계를 체계적이고 일원화된 거버넌스**로 전환
    ※ 과기정통부, 교육부 등 관계부처 간 협력 및 R&R 정립 필요
    - **(공급자 대상 교육)** AI 서비스 이용자 뿐 아니라 **개발 단계에서 책임있는 AI 개발**이 이뤄지도록 공급자(AI 개발자, 경영진(관리자) 등)까지 교육대상 확대

기대 효과

- 생성형 AI 등 새로운 디지털 기술을 책임감 있고 효과적 활용하는 역량을 함양하여 **AI 역기능과 정보격차 심화에 대응**

- AI 일상화 시대에 국민에게 필수적인 AI에 대한 접근·역량·활용 수준을 증진하여 **AI 시대에 가장 잘 적응할 수 있는 시민성(Citizenship)을 양성**

11. 스마트 경로당 2.0 구축으로 초고령화 사회 극복

◆ 초고령 사회에 어르신들의 사회적 참여와 상시 돌봄이 가능하도록 노인 복지 복합 플랫폼으로서 '스마트 경로당 2.0' 구축

추진 배경

- 대한민국은 **'24.12월 초고령 사회**(65세 이상 비율 20% 이상)**로 진입하였으며, 고령층 정보격차 및 디지털 포용 문제 발생 심화**
  ※ 고령층의 디지털정보화 수준은 일반 국민 대비 70.7%p 수준에 그침

- 지능정보기술을 활용, **어르신을 위한 적극적 복지 플랫폼으로**으로 발전적 전환 및 대폭 확대 (7%→50%) 필요

주요 내용

◆ 기존 스마트 경로당에서 → 지역사회가 필요로 하는 AI 기반 서비스를 선제적으로 발굴하여 종합 지원하는 '스마트 경로당 2.0'으로 탈바꿈
  ※ 경로당의 규모, 이용활성화 정도, 용도 등이 다양함을 고려하여, 전국 경로당의 약 50%인 34,000개소의 스마트화를 1차 목표로 추진

스마트 경로당 2.0 이란	'초고령화 시대, 노인 인구의 여가·복지·건강을 스마트하게 관리하고 의료 서비스까지 제공하는 고령층 통합 복지 플랫폼'

❶ 여가 복지 거점에서 건강관리 거점으로 역할 확대

1 양방향 온라인 여가·복지 서비스 강화 및 확대
  - (대상 확대) 경로당 이용 어르신의 활력과 즐거움을 책임지는 양방향 여가·복지 프로그램 제공 지역 확대 및 경로당 개소수 확대

전국 경로당(68,000개)의 50%인 약 34,000개를 목표로 설정하고, 매년 6,800개씩 5년 간 추진

2. 의료·건강관리 거점으로 역할 확대
   - (핵심 서비스) AI 빅데이터 기반으로 정신건강, 치매, 성인질환, 노화 관리를 지원하는 **고령층의 의료·건강관리 거점화**

> 산간벽지 등 의료 인프라가 열악한 지자체 중심으로
> 비대면 진료 서비스 시범사업 추진('26~'27) → 전국 확산('28~'30)

3. 고령층 디지털 교육(디지털 배움터) 강화
   - 고령층 디지털 격차의 핵심 현안인 키오스크 이용 미숙·부적응 문제 해결 등 디지털 역량강화 교육을 위한 최전선으로 스마트경로당 활용

❷ 고령층 통합 복지 플랫폼화

1. (통합 플랫폼화) 온·오프라인의 경계를 허물고, 고령인·중앙정부·지방정부·관련 단체 등을 상시 연결하는 **고령층 복지 플랫폼**으로 발전
2. (에이지 테크 중심 선도 서비스 발굴·실증) **에이지 테크** 등 고령층 대상의 서비스 및 기술 개발의 **리빙랩** 역할 수행
   ※ 에이지 테크는 시니어를 주요 수요층으로 하고 삶의 질 향상을 목표로 한 AI, 웨어러블, 로봇, 바이오 등 첨단기술 기반의 제품과 서비스를 의미

기대 효과

- **약 300만 명의 고령층**이 스마트경로당을 통해 여가·복지 및 의료서비스 이용 기대
  ※ '20년 기준 전국 노인인구 대비 경로당 이용률은 28%로 약 220만명이 경로당 이용

- 고령층 대상 **사회활동 기회 마련** 및 **건강관리 서비스** 제공으로 고령층의 **삶의 질 및 의료 여건**을 개선하여 의료비 등 **사회적 비용 절감**
  ※ '23년 기준 65세 이상 노인 진료비 50조 육박('22년 대비 6.9% 증가)

- 지역 어르신 공동체 주 거점인 **경로당의 스마트화**를 통해 기존의 노인 복지 서비스를 폭넓게 고도화하고 **돌봄 분야 新시장 창출** 기여
  ※ '25년 현재 우리나라 실버산업(고령 친화 산업) 규모는 약 100조에 이름

- 경로당 도우미 배치를 통해 총 **68,000명**(매년 13,600명×5개년) 일자리 창출
  ※ 어르신 건강관리 지원서비스 진행을 위한 보조 도우미 일자리 제공(경로당 별 2명)

📝 참고   스마트 경로당 프로그램 내용(안)

■ **양방향 온라인 여가·복지 서비스**
- 주 5회(월~금) 비대면 여가 · 건강 프로그램 운영

스마트경로당 운영 프로그램 예시

월요일	화요일	수요일	목요일	금요일
실버로빅	즉문즉설	밸런스워킹	웃음치료	보이스피싱 예방 교육 등
여가복지 프로그램	어르신 맞춤 건강강좌	여가복지 프로그램	여가복지 프로그램	특별 프로그램

실버 스트레칭

건강 강좌·상담

노래자랑

웃음 치료

■ **어르신 건강관리 지원**
- 3개 유형으로 구분한 건강관리 지원 서비스 제공

스마트경로당 운영 프로그램 예시

구분	〈유형 1〉 건강 강좌·상담	〈유형 2〉 건강 관리	〈유형 3〉 비대면 진료
대상	경로당 이용 어르신 전체	경로당 이용 어르신 중 보건소의 건강관리 프로그램 참여자	섬, 벽지 등 응급의료 취약지역 경로당 이용 어르신
서비스 제공 주체	복지관 등	보건소	병·의원급 의료기관 (+약국)
서비스 내용	건강강좌, 상담, 일상 건강정보 제공 등	건강 정보 모니터링, 건강관리 미션 지원, 개인별 건강 컨설팅 등	비대면 진료, 처방전 발급·전송, 조제약 전달 등
추진방법	복지관 등 노인복지 프로그램 운영 기관 연계	지역 보건소의 건강관리 지원사업과 연계	비대면 진료 참여 병·의원 네트워크를 구성하여 연계
서비스 예시			

12 국민 대표 AI 서비스 개발

◆ 국민이 사용할 서비스를 국민이 직접 개발할 수 있는 환경을 제공하고 개발된 서비스에 대해 국민이 직접 서비스를 선정하여, 선정된 서비스 확산을 지원

추진 배경

- 지금까지 공공 AI 서비스는 공급자 관점에서 정부가 AI 서비스를 기획하고 개발함에 따라 급격히 변화하는 환경에 신속한 대처가 늦고 혁신적인 공공서비스 개발에 한계
  ※ AI 서비스도 기존 정보화사업과 같은 추진방식(ISP 예산 확보– ISP(또는 ISMP) 수행–본 사업 예산 확보–사업 수행)을 통해 기획·개발

- 공공에서 개발된 서비스는 국민 체감도가 낮거나, 국민·사회의 현안과 거리가 멀어 이용률이 지속적으로 감소되고, 결국 서비스가 폐기되는 등 서비스 지속성에 한계
  ※ 2017~2021년 동안 정부·지자체가 폐기한 공공앱 635개(출처 : 용혜인 의원실, 행정안전부,
  https://yonghyein.kr/inspection/?bmode=view&idx=12968608)

2017~2021년 동안 정부·지자체가 폐기한 공공앱(단위:개)					
구분	2017년	2018년	2019년	2020년	2021년
폐기 및 폐기 예정·권고	152	139	150	120	74

주요 내용

(국민 개발자) AI 서비스 기획·개발
- 국민개발자 : 기획 및 데모 서비스 개발
- 정부 : 개발을 위한 데이터, 인프라 등 지원 및 공공 AI 서비스 스토어* 마련
  * AI 서비스 스토어 : 국민이 개발한 AI 서비스 데모 업로드 플랫폼

(국민 평가단) 국민 대표 AI 서비스 선정
- 국민 평가단 : AI 데모서비스 체험 (약 3개월) 후 국민 대표 AI 서비스 선정
- 정부 : 선정된 국민 대표 AI 서비스의 정식 개발지원(데이터, 클라우드, GPU, 컨설팅)

❶ AI 서비스 기획·개발

- **(개발 환경)** 전 국민 누구나 AI 서비스를 효율적으로 기획하고 개발할 수 있도록 지원하는 플랫폼 구축
  - 국민이 가지고 있는 창의적인 아이디어를 손쉽게 구현할 수 있도록 SW 개발, 데이터 저장·가공·분석, AI 모델 학습·개발 도구 지원
  - 국민이 개발한 AI 데모 서비스를 시범 운영할 수 있는 디지털 자원(CPU/GPU, 스토리지 등) 지원

서비스 개발 지원(안)

디지털 자원	2026년	2027년
• 민간·공공의 데이터·서비스 기능(API) 등 디지털자원 • CPU/GPU, 스토리지 등 민간 멀티클라우드 지원	• 데이터 저장·가공·분석, AI 모델 학습·개발도구(MLOps) • LLM 기반 코딩, 민간의 초거대 AI 개발도구 지원 등	• 기술·서비스의 개발·시험·검증·배포 기술지원 및 교육 지원

- **(공공 AI서비스 스토어)** 국민이 개발한 AI 데모 서비스를 등록(업로드)할 수 있는 **스토어 구축**
  - (가칭) "공공 AI 서비스 스토어"에서는 국민이 만든 AI 서비스를 등록하여 판매까지 할 수 있으며, 일반 국민은 이를 통해 서비스를 이용

> 📝 **참고**   정부의 SW 스토어 개발 사례
>
> ▶ 행안부, '협업 전용 서비스형 소프트웨어(SaaS) 스토어' 개발 추진
>   - 행정안전부에서 지능형 업무관리 플랫폼 구축시 소통·협업 SaaS 활용 과제를 뒷받침하기 위해 "협업 전용 SaaS 스토어" 개발 예정
>   - 협업 전용 SaaS 스토어에서는 공공이 소통과 협업에 필요한 SaaS를 채택하기 위한 전용 몰로 공공기관은 협업 전용 SaaS 스토어에서 제공하는 카탈로그에서 필요한 서비스를 선택하여 이용

❷ (국민 평가단) 국민 대표 AI 서비스 선정

- **(국민 평가단)** 국민이 만든 AI 데모서비스를 평가하기 위해 **일반국민을 대상으로 국민 평가단을 모집·구성(공개 모집)**
  - 국민 평가단은 약 3개월 간 서비스를 체험하고, 사회현안 해결 기여도, 서비스 완결성, 지속가능성 등 국민 만족도 측면에서 서비스를 객관적으로 평가
  - 우수한 평가를 받은 서비스는 "국민 대표 AI 서비스"로 선정

대표 AI 서비스 선정 요소(안)

평가 기준	주요 평가 항목
현안 해결 기여도	• 문제 정의의 명확성 : AI 서비스가 해결하고자 하는 사회문제를 명확히 정의하고 있는지 평가 • 해결 방안의 적합성 : AI 서비스가 사회문제를 효과적으로 해결할 수 있는 방법인지 평가
지속 가능성	• 문제 해결의 지속 가능성 : 해결책이 단기적이 아닌 장기적으로 문제 해결에 기여할 수 있는지 검토
서비스 완결성	• 아이디어 혁신성 : 아이디어가 독창적이고, 기존의 문제를 효과적으로 해결하며 가치를 창출할 수 있는지를 평가 • 아이디어의 사업적 차별성 : 시장에 존재하는 유사한 제품이나 서비스와 비교하여 독특하고 차별성을 가지고 있는지 평가
국민 만족도	• 직관성 : 누구나 쉽게 이해하고 사용할 수 있는지를 평가 • 유효성 : 사용자의 목적을 정확하게 달성할 수 있는지를 평가 • 학습성 : 누구나 쉽게 배우고 익힐 수 있는지를 평가 • 유연성 : 사용자의 요구사항을 최대한 수용하며, 오류를 최소화하고 있는지를 평가

- **(정식 개발 지원)** 국민 대표 AI 서비스의 정식 개발을 위해 필요한 데이터·클라우드·GPU 등 **디지털 자원 및 전문컨설팅 지원**
  - 서비스 제공범위 확대를 위한 데이터, 이용자 확산에 따른 클라우드 자원, AI 모델 정밀도 제고를 위한 GPU 자원 등 지속 지원
  - 서비스 개발에 적용된 기술에 대한 검증 등 기술지원, 서비스 확대를 위한 사업화 등 전문가 컨설팅 지원

기대 효과

- 정부 중심의 AI 서비스에서 국민이 주도하는 AI 서비스로 국민체감도 제고와 사회 현안 해결에 도움이 되는 서비스 발굴 가능
- 국민의 창의적인 아이디어를 AI 서비스로 구현되는 환경 마련을 통해 AI 국가로의 발전할 수 있는 저변 확대
- 급격히 변화하는 ICT·AI 신기술 트렌드에 신속히 대처할 수 있는 새로운 서비스 개발 가능

13. AI 서비스 품질 보장 프로그램(성능평가, 품질인증제)

◆ AI 서비스 성능평가 및 품질인증제를 통해 AI 서비스의 객관적 평가 체계를 마련하고, 국민 신뢰 구축과 AI 산업의 지속 가능성 강화

추진 배경

- AI 서비스는 지능화된 품질 측정이 필요하나 국내는 프로젝트성 리더보드만 일부 운영, **성능 통합 측정·관리 플랫폼은 부재**
  - 생성형 AI는 일관된 답변 통제가 어렵고 사용자 경험과 밀접하게 연관되는 등 불확실성·복잡성이 높아 새로운 품질관리 방식이 필요
  - 잘못 설계된 벤치마크는 실사용자 요구를 반영하지 못하거나 좁은 범위의 테스트에 최적화된 시스템 개발을 야기*
    * 특정 테스트에서는 높은 성능을 보일 수 있지만, 실제 환경에서는 일반화(Generalization) 능력이 부족해 제대로 작동되지 못할 가능성 존재

- 또한, 국민의 관심이 커가는 민간 AI 서비스의 성능·안전성 등에 대한 기준이 없어 **정보 비대칭과 리스크 발생 가능성이 증대**
  ※ '25.1월 출시된 中 생성 AI 서비스 '딥시크'의 과도한 개인정보 수집·유출 이슈로 개인정보보호위원회는 앱 신규 다운로드 차단('25.2.15)

- **국내 AI 서비스의 생애주기별 성능 관리·피드백**으로 국민의 신뢰를 확보하고 AI 서비스 품질 인증제로 건전한 AI 산업 생태계 조성

주요 내용

◆ AI 서비스 성능 평가 데이터셋을 구축하여 서비스 성능을 평가하고,
AI 서비스 품질 인증으로 사회적 기준과 대응 체계를 마련

AI 서비스 성능 평가 관리	AI 서비스 품질 인증제
서비스 분야별·성능별 벤치마크 데이터셋 구축 및 성능 평가 관리	AI 서비스 성능, 안정성, 보안성, 윤리성, 사용자 경험(UX)을 종합적 심의 및 인증

❶ AI 서비스 성능 평가 관리

- **(벤치마크)** AI 서비스의 성능 및 안전성을 평가하기 위해 **분야별·성능별 벤치마크 데이터셋 구성 및 평가시스템 구축**
  ※ 벤치마크 데이터 : AI모델이 해결해야 할 다양한 과제에 대한 성능 테스트셋
  - 한국형 공공 AI 서비스에 적합하고 시급한 민생 현안 분야별(의료·재난안전·교통 등) 전문 지식을 반영한 벤치마크 데이터 우선 구축
  - 멀티모달 모델용, 추론형 모델용, RAG* 서비스용 벤치마크 데이터 등 최신 기술 경향을 반영한 다양한 벤치마크 데이터 기획·구축
    * RAG(Retrieval-Augmented Generation) : 외부 정보를 검색해 답변을 보강하여 생성하는 방식

- **(성능평가)** 공공에서 활용하는 AI 서비스의 개발부터 배포 후 사용 단계까지 **전 생애 주기에 걸쳐 성능 평가 및 지속적인 모니터링**
  - 리더보드 식(AI 서비스 서열화)의 성능 비교를 넘어 AI 서비스 학습 전 데이터 구축, 모델 학습, 서비스 배포·활용 단계별 평가시스템 구축
    ※ 학습데이터 성능, AI 모델 성능, AI 서비스 성능(UX 등)을 평가하고 단계별 피드백 도출

생애주기별/성능별 평가 및 검증 매트릭스(예)

준비 단계	모델 구축 단계	서비스 구성 단계	서비스 운영 단계
학습데이터 성능	AI 모델 성능	AI 서비스 성능	운영 모니터링
• 데이터 법적 권리 검증 　CCL, GPL, DBCL • 데이터 성능 검증 　- 구문정확성 　- 의미정확성 　- 다양성	• 모델 정렬성 검증 　Preference test • 모델 성능 검증 　- MT-Bench 　- LLM-as-a-Judge 　- Chatbot-Arena	• UX Test 　A/B Test, 경험 평가 • 서비스 성능·효율성 검증 　- 구문정확성 　- 의미정확성 　- 다양성	• 주기적 성능 검증 　A/B Test, Canary Test • 배포 전략 평가 　- Human-in-the-Loop 　- Shadow Mode Test 　- Blue-Green Test

  - 국민의 재산·건강·안전 등 민감한 영역의 공공 AI 서비스에 대한 최소 요구 성능을 지정하고 이를 검증·피드백하도록 구성
    ※ 민간 AI 서비스도 요청 시 AI 서비스 성능 평가 시스템 활용 가능

❷ AI 서비스 품질 인증제

- (품질인증) 공공 및 민간 AI 서비스 대상으로 AI 서비스의 성능·윤리성·사용자 경험 등의 품질을 평가·심의하여 인증 등급 부여

> **정부 주도 ICT 관련 품질 평가 사례**
>
> ▶ **NIA, '통신서비스 품질 평가' 제도**
> - 정부 주도로 국가의 통신 현황, 신기술 서비스의 안정화 정도를 평가하여 국민에게 신뢰성 있는 객관적인 품질 정보를 제공하고, 민간의 통신 품질 향상을 유도('99년~)
>   ※ 「'07년」초고속 인터넷 서비스, 「'15년」LTE 등 기가급 통신, 「'24년」5G 품질 평가 등 평가 제도를 지속 개선

- AI 서비스 인증 신청 접수 후 서비스 구성 정보에 대한 서면 심사와 테스트랩에서의 서비스 실무 평가를 바탕으로 인증 등급(A,B,C) 부여
    ※ AI 품질 우수 기업에게는 정부가 보증하는 AI 서비스 품질 신뢰 마크 발급으로 참여 유도
- AI 서비스 품질 정의 및 표준화 검토 등 평가 항목별로 유관 기관과의 협력을 통해 인증 제도 지속적 개선

AI 서비스 품질 인증 평가 요소(안)

5대 평가 항목	세부 평가 요소	3단계 등급제
AI 모델 성능	AI 모델 성능 지표(F1-Score등), 강건성, 처리량	[최우수] A 등급 : 상위 10% 이내
안정성	서비스 장애 대응, 서비스 가동률	[우수] B 등급 : 상위 10~20% 이내
보안성	보안 테스트, 개인정보 보호 여부	[보통] C 등급 : 상위 20~30% 이내
윤리성	편향성, 윤리적 여부 검증	[Fail] 미인증 : 하위 70% 미만(보완필요)
사용자 경험	UI/UX, 접근성, 서비스 응답 속도	※ 인증 후에도 정기적 모니터링을 통한 재심사 추진

기대 효과

- 공공 AI 서비스의 객관적 성능평가 체계를 마련하고, 사용자 중심의 벤치마크를 구축하여 신뢰성을 강화
- 최신 기술 트렌드를 반영한 벤치마크와 생애주기별 평가 체계를 구축하여 AI 서비스의 효율성과 경쟁력을 향상
- 공공과 민간 AI 서비스의 신뢰성 있는 품질 인증 제도 운영으로 AI 서비스의 품질 경쟁력을 강화하고 국민의 신뢰 확보

14 AI를 활용하여 똑똑하고 편리한 공공서비스 제공

◆ 국민 누구나 쉽고 편리하게 공공서비스를 이용할 수 있도록 정부 주요 공공서비스에 AI 적용 확대

추진 배경

- AI 등 디지털 기술의 발전에 따라 국민은 더 빠르고, 더 효율적이고, 더 편리한 **"초개인화 선제적·맞춤형 공공서비스"를 요구***

  * 미국인 98%(무작위가구)가 "지역 정부는 최신 온라인 기술에 투자해야 한다고 생각하며, 효율적이고 간편한 온라인 거래를 기대"(Springbrook Research Institute, '23년)

  – 우리나라는 세계 최고 수준의 디지털정부로의 전환을 통해 정부와 대민(공공) 서비스를 혁신하였지만, 국민은 여전히 공공서비스에 대한 신뢰도 저조

    ※ AI 등 최신 디지털 기술 발전에 따라 수준 높은 민간서비스에 익숙해진 국민은 공공서비스에 대한 기대와 욕구가 복잡하고 다양해지고 있는 실정(신청없이, 맞춤형·선제적, 손쉽게)

  > 📝 **참고** 현행 공공서비스의 현실
  >
  > ▶ 데이터, AI 등 디지털 기술을 적용하여 세계 최고의 디지털정부 서비스를 제공하고 있으나,
  >   – 여전히 일률적이고 복잡한 행정절차로 인한 높은 민원처리 시간과 비용 발생하고 있어, 다양한 국민 개개인의 상황·특성에 맞는 개인화된 서비스가 요구 대응에는 한계 존재
  > ▶ 전문분야 공공서비스(행정, 세무, 노무, 법률 등)에 대한 낮은 접근성과 이해도 존재
  >   – **(사례 ① : 영업신고)** 복잡한 절차와 필요한 작성서류 과다(약 8종), 지자체의 특성에 따라 추가 요구되는 절차와 서류 존재, 영업신고(시·구청)와 사업자등록(세무서) 관할이 상이
  >   – **(사례 ② : 종합소득세 신고)** 자영업자의 경우 다양한 소득유형(이자소득, 배당소득, 사업소득 등)을 정확히 인지하고 신고하는 것이 어렵고 불편, 경비의 이중처리 실수 빈번(중복신고로 가산세 부과)

- 전자정부 → 디지털정부로의 발전 경험을 토대로, 국민 개개인의 상황·특성에 맞는 세계 최고 수준의 AI기반 대국민 서비스*를 구현하여 신속성·편의성·효율성 혁신

  * AI를 대국민 서비스에 전면 적용하여 서비스 신청없이, 맞춤형·선제적으로, 쉽게 서비스를 누릴 수 있도록 구현

> **참고 해외 사례**

- ▶ (아부다비)「AI 기반 디지털 전략(2025-2027)」을 발표('25.1월)하고, 공공서비스 전반에 200개 이상의 AI 솔루션을 도입할 예정(130억 AED(약 35억달러) 투자)
  - → 아부다비 GDP에 240억 AED(65억 달러 이상) 기여와 5,000개 이상 일자리 창출 예상
- ▶ (두바이)「AI 기반 스마트시티 이니셔티브」를 통해 AI 기반 디지털 서비스를 제공할 계획
  - "Dubai Now" 앱 : 130개가 넘는 정부서비스를 중앙 집중화하여 AI 기술 기반 주민 청구서 자동납부, 면허갱신, 비자신청 추적 등 효율적 서비스 제공
  - "Rashid" AI 챗봇 : 주민과 기업에 24시간 연중무휴 가상 지원을 제공

주요 내용

- **(AI 기반 민원 처리)** 각종 증명서, 세금납부·신고, 복지, 상담 등 국민이 자주 이용하는 주요 민원 시스템·서비스*를 AI 기반으로 자동화·지능화

  * 정부24, 고용24, 홈택스, 복지로, 나이스, 국민비서, 혜택알리미, 110통합콜센터 등

  - 범정부 초거대 AI 공통기반 사업과 연계하여 민원의 자동화·지능화 처리에 최적화된 AI 에이전트 모델 개발 및 도메인별 고품질 데이터 가공 및 학습

    ※ AI 에이전트 모델은 서비스 사용자의 데이터(개인이 사전 설정한 선호도 등)와 상황인지(이사, 전입, 결혼 등) 등을 통해 지속 진화하여 자동화·지능화된 초개인화 서비스 제공에 중점을 둠

  - 실시간(24/7) 민원 상담과 원하면 알아서 처리를 도와주는 AI 에이전트 모델 기반 컨시어지 서비스 구현(웹·앱, 주민센터 무인창구*)

    ※ 필요한 온·오프라인 서식을 알아서 작성해 주고, 마이데이터 활용을 통해 필요서류·데이터 등을 자동으로 연계하여 원스톱 처리, 처리현황 실시간 알림 제공

    * 최적의 사용자 경험(UX) 기반의 대화형 디바이스(키오스크 등) 개발·확산

  - 저소득층 및 취약계층을 위한 서비스*, 다양한 국민 개개인의 상황 및 자격요건 반영한 맞춤형/선제적 서비스, 민원 신청 시 손쉬운(UI/UX, 상담, 절차개선 등) 서비스가 전면 적용되도록 AI 기술 적용 및 데이터·서비스 통합, 법제도 개선 추진

    * 데이터 통합 및 AI 예측모델 활용 예시 : 공공부문의 다양한 복지/의료, 보험, 세금, 주거 등의 데이터 연계·통합과 개인 상황, 필요 예측 서비스를 조합하여 대상자에게 사전 안내 및 서비스 제공

- **(AI 행정도우미)** 국민의 이해도·접근성이 낮은 전문분야(세무, 법률, 노무 등)에 대한 허들을 제거하는 AI 전문가 시스템(상담 포함) 개발 및 확산

- AI 에이전트 모델(AI 컨시어지 서비스)과 연동하여 AI 기반 상담 및 민원신청 서비스 제공(FAQ, 용어 해설, 신청서식 자동화, 민원 상담 등), FAQ 지식DB 구축·업데이트 및 AI 학습, AI 전문가 시스템과 실제 전문가 간의 실시간 협업·소통 플랫폼 구축 등

  ※ 역할 정립(안) : AI 법률/세무/노무 전문가 시스템은 기초적인 자문, 상담 및 자동화를 담당하고, 고차원적 사고, 창의적 문제 해결, 감성적 판단 등은 인간 전문가가 담당. AI 전문가 시스템과 실제 전문가 간의 실시간 협업·소통을 통해 국민에게 한층 더 고차원적인 서비스 제공

AI 행정도우미 전문 분야(안)

평가 기준	주요 평가 항목
세무	• AI가 세금 신고와 절세 전략을 자동으로 제시*해 준다면, 세무사는 고객 맞춤형 세무 계획이나 법적 해석에 집중 가능 * 세금신고, 공제혜택, 환급절차 등 안내
법률	• AI가 제공하는 법률 자문을 통해 국민은 기본적인 법률문제를 빠르게 해결*, 변호사는 복잡한 사건, 법적 분쟁에서 고도의 전략적 판단 가능 * 민사/형사/행정 등 분야별 1차 법률 상담
노무	• AI가 근로계약서 작성이나 고용법 준수 여부를 체크 등을 지원*하고, 노무사는 노사 협상이나 분쟁 해결에 집중 가능 * 근로계약, 임금, 산재보험 등 관련 법·제도 상담, 계약서 작성 등

기대 효과

- AI로 혁신하는 공공서비스 제공으로 **대국민 서비스 패러다임 전면 전환**
  - ①저소득층 및 취약계층에게는 서비스 신청없이 서비스 제공, ②다양한 국민 개개인의 상황 및 자격 요건에 따라 맞춤형·선제적으로 서비스 제공, ③서비스 신청 시 아주 쉽게 하도록 서비스 제공

- 국민의 **민원 처리 시간과 비용이 대폭 절감**되어 정부가 제공하는 공공서비스 접근성과 만족도 향상

- 전문분야(행정·세무·노무·법률)에 대한 국민들의 이해도가 높아지고, AI와 전문가 간 협업으로 **고품질의 행정서비스 제공 가능**

- 개인별 상황을 인지하는 AI 기반 초개인화 서비스로 선제적인 맞춤형 공공서비스가 구현되어 **공공서비스에 대한 국민 신뢰도 제고**

15. PC 기반에서 클라우드·AI 플랫폼 기반으로 공무원 업무 전면 전환

◆ PC 기반 행정을 클라우드로 통합하여 데이터 사일로 제거 및 실시간 협업하고, 보안 걱정 없는 범정부 AI 플랫폼 활용으로 공무원의 일하는 방식 혁신

추진 배경

- 공무원들은 **개별 PC 기반으로 문서를 작성하고 보관**하는 경우가 많아 부서 간, 기관 간 정보 공유가 제한적
  - 이로 인해 유사 문서가 중복 생산 되거나 정책 결정에 필요한 가치 있는 데이터가 분산되어 활용에 한계

- 업무 효율화를 위해 **각 기관이 개별적으로 IT 인프라와 AI 솔루션을 구축**하는 등 비효율적 정보 자원 활용으로 인한 예산 낭비 발생

- 부서·기관간 데이터 칸막이 제거, 공공 업무·서비스의 AI 전면 도입, 비용 절감 및 과학적 행정 구현을 위해 **통합 클라우드 인프라 확대 및 범정부 AI 공통기반 도입 필요**

주요 내용

- **(공통 업무 클라우드 플랫폼)** 중앙부처·지자체·공공기관 등 **공공부문 생산 문서와 데이터를 통합 저장할 수 있는 클라우드 플랫폼 구축**
  ※ 기존 물리적 망분리 환경에서는 클라우드 연결이 어려웠으나, 국가정보원 국가망 보안체계(N2SF, National Network Security Framework) 추진으로 보안 강화 및 클라우드 활용 가능

  - 정부가 생산하는 모든 문서와 데이터가 공유될 수 있도록 문서관리기준 제시 필요(개방형 문서 관리 가이드에 저장 위치, 공개 범위 등을 추가)
  - 데이터 중심 보안, 멀티 및 하이브리드 클라우드 환경을 지원하는 관리 체계(Zero Trust Architecture)를 국가정보자원관리원 내에 도입토록 협의
  - 데이터 분석, AI 및 디지털 도구의 효과적 활용으로 공공서비스의 민첩성·효율성 향상을 위해 클라우드 보안 관리 및 지침 제공

- **(범정부 AI 공통기반)** 범부처 공무원이 보안 걱정 없이 활용하는 **생성형 AI 기반 공통서비스 및 활용·기술 기반 마련**

  ※ 행안부·과기부 협업예산('25년 99억, ~'31년 472억)으로 범정부 초거대 AI 공통기반 구축 예정

  - 공공 분야에서 AI 서비스 기획 및 구현 시 공통 활용 가능한 AI 자원(AI 컴퓨팅 장비, 공통데이터, 공통서비스, 개발·운영환경)을 막힘없이 제공

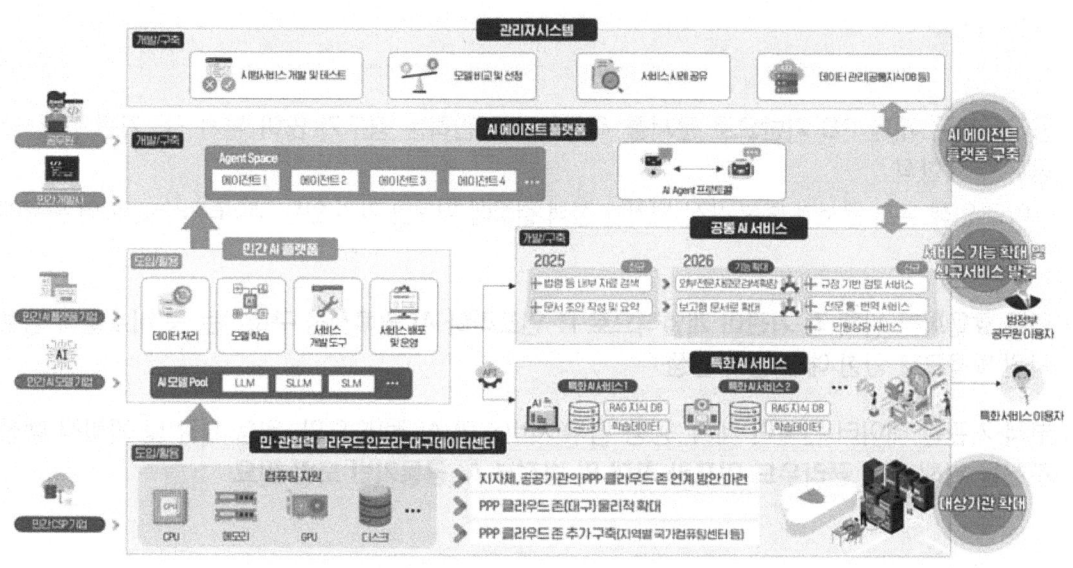

범정부 초거대 AI 공통기반 구성도 및 향후 확대 방안

기대 효과

- 공공에서 생산하는 문서 및 데이터가 클라우드를 통해 통합되고 이를 AI가 분석·활용함으로써 **데이터 활용 극대화를 통한 과학적 행정 구현**

- **중복문서 작성 및 불필요한 행정절차 감소로 행정업무 효율성 및 비용을 절감하고, 국민 체감 서비스 개선**

- 세계 최초, 정부 특화 범정부 클라우드 및 초거대 AI 공통기반 구현으로 관련 산업 육성 및 개도국 대상 **디지털정부 수출 기반 마련**

16. 국가 예산 절감을 위한 의사결정 지원

◆ 예산 검토, 투자 분석, 재정 전략 수립 등 **국가 예산 업무에 AI를 적용**한 예산 행정 효율화와 예산 최적 투자 관리로 최대 20%의 국가 예산 절감 및 효율화

추진 배경

- 한정된 국가 예산 투입의 효과성을 높이기 위해 다양한 내외부 요인을 복합적으로 고려한 **데이터 기반 예산 정책 수립**이 요구되는 상황
- ChatGPT 상용화('22.11월)를 시작으로 AI 서비스 도입이 활성화되면서 **민간기업 및 해외 정부는 AI를 활용해 정부 효율화 추진 중**
  ※ '24년 전 세계 75% 조직이 생성 AI를 도입('23년 55%), AI 선도기업들은 AI 도입으로 3.7배 이상의 ROI를 달성 중 (IDC·MS, 2024.11)
- 국가 예산과 관련된 각종 사회·경제·행정 지표와 민간 데이터 실시간 연계 기반 환경을 활용해 AI를 적용한 예산 행정 효율화와 예산 최적 투자 관리 가능

주요 내용

- **(AI기반 예산 검토 자동화)** AI를 활용해 사업설명자료, 정책 문서 등을 분석하고, 예산 타당성을 평가한 뒤 이를 리포트와 시각화 자료로 자동 정리하여 의사결정을 지원
  ※ (예) "부산지역 ICT 사업현황을 알려줘", "2024년도 종료된 R&D 사업을 알려줘", "생성형 AI와 유사한 사업이 있는지 분석해 줘"와 같은 정책 질의에 대해 AI가 자동으로 분석 결과를 제시

AI 지원서비스 구성(안)

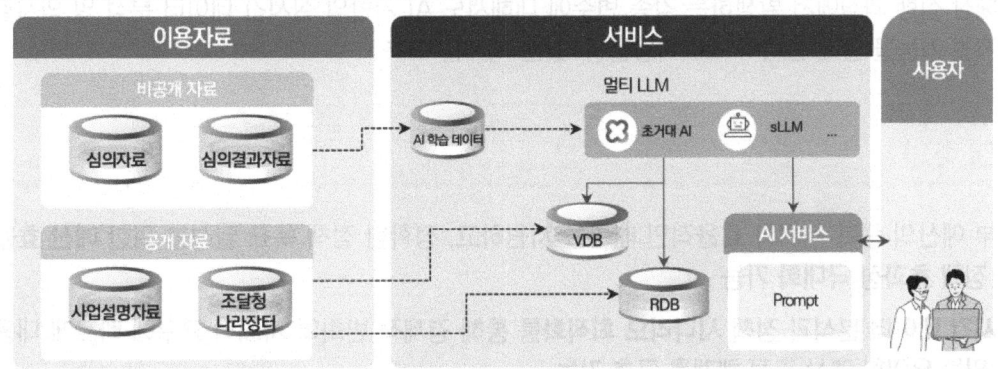

- 12대 주요 예산 분야(일반·지방행정, 공공질서·안전, 외교·통일, 국방, 교육 등)를 기준으로 동일 목적의 사업을 탐색하고, 유사하거나 중복되는 사업을 검출함으로써 중복예산 편성 방지를 지원
- AI는 유사 목적의 사업 간 공동 인프라 활용이나 과거 사업의 결과물 재활용 방안 등 협업 프로토콜도 제시해 부처 간 시너지 창출에도 기여
- ▲핵심사업 및 사업유형별 예산 현황 조회, ▲신규사업의 유사·중복 여부 판단, ▲지역별·연도별·기관별 사업 정보 자동 조회, ▲외부 지적사항에 대한 통합 정보 제공 등이 포함 가능

● **(AI 기반 투자 분석 및 예산 편성)** 차세대 디브레인 플랫폼과 연계해 중앙·지방재정 자료, 사회·경제지표, 민간 데이터 등 방대한 데이터를 통합·학습하고, 과거 예산 집행 패턴과 변화 시나리오 **분석을 통해 최적의 중장기 예산 포트폴리오 도출**
  - 사업별 예산 배정 기준을 사전에 분석하여 적정성 여부를 판단하고, 예산 배분안에 대한 의사결정을 지원
  - 주요 정책사업에 대한 투자 현황을 모니터링하고, 심의자료 양식을 기반으로 한 개인별 맞춤형 초안도 자동 생성함으로써 실무의 효율성 제고 가능

> 📝 **참고** 범정부 초거대AI 공통기반 구현 사업
>
> ▶ 국가정보자원관리원 대구센터 내 민관협력형(PPP) 클라우드존에 공개 데이터 외에 비공개 데이터를 활용한 AI 지원 서비스 구현
>   - 보안성이 우수하며, 자체 AI 모델 학습·강화를 통해 명확한 답변 가능하고 비공개 데이터를 활용하기 위한 내부 행정업무 서비스에 적합

● **(변화 대응 재정 유연성 지원)** AI를 기반으로 한 재정 분석과 시뮬레이션을 통해 정책 실패 비용을 최소화하고, 예산 집행의 기민성과 전략성을 동시에 확보
  - 정부 예산을 자본 지출(Capex), 운영 비용(Opex), 개발비(Devex)로 자동 분류하여, 각 예산 항목에 대해 최적의 투자 전략을 도출할 수 있도록 지원
  - 경기 침체, 감염병 유행, 인구 구조 변화 등 다양한 사회·경제적 변수에 대응할 수 있도록 시나리오 기반 예산 조정 모델을 개발
    ※ 긴급한 상황에서는 AI 기반 예측 및 시뮬레이션 기능을 통해 신속하게 예산을 재배분하고, 주요 정책사업에 대한 즉각적인 대응을 유도
  - 예산 집행 과정에서 발생하는 각종 변수에 대해서도 AI 기반의 실시간 데이터 분석 및 의사결정 지원 기능을 통해 탄력적으로 대응할 수 있는 체계를 구축

기대 효과

● 정부 예산의 중복 제거와 효율적인 배분을 지원하고, 정확한 정책 목표 달성을 위한 **예산 효율화 및 정책 효과성 극대화** 가능
● **실시간 데이터 분석과 정책 시나리오 최적화**를 통해 경제적 변화와 사회적 요구에 빠르게 대응할 수 있는 유연한 예산 조정 체계를 구축 가능

17 정부 AI 전문조직 'Gov-AI 센터' 설립

◆ 정부의 일관성 있는 AI 정책 실행력과 전문성을 주도하고, 공공과 민간의 AI 혁신을 연결하는 정부 AI 전문조직 설립

추진 배경

- AI는 기술 특수성*과 전방위적 활용 범위로 민간-공공, 산업(부처) 간, 기술-사회의 중립적 위치에서 **배포자·관리자로서의 조정 역할 필요**
    * 기존 SW와 달리 AI는 전례없이 빠른 발전 속도, 성장 궤적의 불확실성, 민간이 개발 주도하고 있는 상황, 사회와 상호작용하는 특수성을 지님
- 공공부문 AI 도입은 효율성 향상과 혁신을 촉진하나 부문별 분절된 AI 인프라 구축·도입으로 **중복투자와 비효율성 발생 우려**
- AI는 전 분야에서 활용되어 발전을 이끌어낼 잠재력이 있으나 **정부 부처·지역·기관마다 AI 도입 속도와 역량의 불균형이 존재**
    ※ 경기도(1,645억원 규모)-세종시(88억 규모), 일반행정(873건)-농축수산(130건) 등 AI 도입 규모와 적용 분야별 차이 존재(공공기관 AI 도입 현황, SPRI · '23.12)
- 이에, 범정부 차원의 AI 자원과 프로젝트 조정·공유와 통합적·효율적 AI 전환 촉진을 위해 새로운 전담 조직이 필요

참고 해외의 유사 조직 사례

- ▶ (미국, 'USDS') 정부의 디지털 서비스 혁신을 위해 설립. **AI 적용, 데이터 분석, 서비스 설계 등 첨단기술 도입**을 지원하는 기술 전문조직('14~, 대통령실 산하)
- ▶ (영국 'I.AI') 공공부문의 **AI 도구를 구축**하는 민첩한 기술 제공팀(Incubator for AI). 더 나은 공공서비스를 제공하기 위해 **4가지 핵심 기능***을 제공('23~, 과학혁신기술부 산하)
    * ▲**프로토타입 제작**(AI를 활용한 정부 기능 및 공공서비스 개선), ▲**서비스 제공**(프로토타입을 서비스로 전환·배포), ▲**모듈화**(코드를 오픈소스로 공개·공유), ▲**조정 및 자문**(부서 간 지식 공유 촉진 및 최적 솔루션 구현 자문)
- ▶ (싱가포르 'AI검증재단') AI 테스트 구현을 위한 **프레임워크 및 도구**를 개발하고 **AI 검증 툴킷** 제공 ('23~, 정보통신미디어개발청(IMDA) 전액 출자 자회사)
- ▶ (호주 'National AI Centre') 호주의 국가 AI 전담 기관으로서 **AI 생태계 조성, AI 채택가속화, AI 역량 강화, 글로벌 AI 협력** 등 역할 수행('21~, 호주 연방과학산업연구기구 산하)
- ▶ (UAE 'AI Office') 국가 AI 전략인 'UAE Strategy for Artificial Intelligence 2031'의 실행을 위한 핵심 조직으로 **정부 서비스 개선, 데이터 거버넌스** 등 담당('17~, UAE 내각 직속)

주요 내용

- **(조직 구성)** Gov-AI 센터는 단순한 기술 도입 기관이 아닌, **정부의 AI 전환을 현장에서 이끄는 기술 전문 실행 조직으로 구성**
  ※ 미국(USDS), 영국(i.AI) 등의 핵심 성공 요소를 반영하여 민첩하고 실용적으로 설계

- **(주요 역할)** 국가 AI 인프라 구축·관리와 공공 AI 솔루션 개발·관리를 통해 정부 및 공공기관의 AI 적용과 역량 강화를 중점 지원

Gov-AI 센터의 주요 역할(안)

구분	주요 내용
공공 AI 공유 인프라 구축 및 관리	• 필수 공공서비스용 AGI 국가 인프라 구축 • 국가(공공부문) GPU 자원 관리 • 국가 AGI 기본 모델(Foundation Model) 개발·공유 • 분야별 AI 레퍼런스 모델 개발 및 공유
공공 AI 솔루션 개발 및 확산	• 고위험/고영향 정부 AI 프로젝트 직접 지원 • 범부처 공통 AI 서비스 플랫폼 구축·운영 * (가칭) Gov-AI 마켓플레이스(검증된 민간 AI 솔루션 큐레이션 및 공유 플랫폼) • 중앙-지방정부 AI 서비스 표준화 및 확산
AI 공공조달 및 협력 생태계 구축	• 공공부문 AI 솔루션 품질인증 및 표준 개발 • 민관 협력 AI 개발 파트너십 체계 지원 • AI 패스트 패스(AI Fast Pass) 체계 마련 : AI 프로젝트를 위한 조달, 보안, 법적 검토 신속 처리 • 공공 AI 실험실(Public AI Lab) : 안전한 환경에서 혁신적 AI 솔루션 테스트, 시민 참여형 설계 및 피드백
공공부문 AI 역량 강화	• (가칭) AGIs(AI for Government Innovation Service)* 추진 * 공공부문의 AX 전환 지원 프로그램 • 단계별 AI 역량 강화 로드맵 지원 • 공공부문 AI 리터러시 향상 교육 프로그램
민간 기술 공공화 (Publicization) 지원	• 우수 민간 AI 솔루션의 공공부문 맞춤형 전환 지원 • 공공 AI 데이터 및 모델 공유 플랫폼(민간 개방) • 민간 솔루션의 공공 표준 준수 지원
성능평가 및 모니터링	• 공공 AI 서비스 성능평가를 위한 벤치마크 데이터셋 구축 및 성능평가 시스템 개발 운영 • 해외 AI 서비스 및 API 기반 서비스 대상 가드레일(지침) 마련, 위험 모니터링, 레드팀 구성 및 모의 훈련 추진 등

> **📝 참고** (가칭) AGIs(AI for Government Innovation Service) 프로그램 추진(예시)

▶ 정부 부처별 공공 업무를 대상으로 AX* 대상 ①평가 ②설계 ③실증 ④공유 ⑤자문을 주도하여 추진하는 AGIs 프로그램 마련
  * AX(AI Transformation) : 생성형 AI, Agentic AI 등 AI를 활용한 디지털 전환

- 부처 업무별 AX 통합 평가 체계 구축
- 협업 기반 설계 프로세스 도입
- Agile 기반 실증 및 Scale-up
- 오픈소스 공유와 AGI's Hub
- 전문 자문 제공

평가
- AX 과업 우선순위 평가
- AX 프로젝트 성과 평가

설계
- 서비스 요구사항 도출
- AI 서비스 기획·구축·운영(Ops) 계획 수립
- AI 모델, 데이터, 서비스 운영·관리 컨설팅
- PoC 검증

실증
- 프로토타입 구축 후 테스트베드 실증을 통해 파일럿 적용 여부 검토
- ※ 프로토타입 구축은 설계 단계 반영하여 AX 대상 부처 주도로 민간 전문 업체 활용

공유
- AX 프로젝트 산출물 오픈소스 공개 (AGI's Hub, 가칭)
- AX 모델, 데이터, 서비스 아키텍처 표준화 추진

자문
- 정부 부처 및 지자체와 공공기관의 자체 AX 프로젝트 추진 지원
- AI 기술, AI 서비스 거버넌스의 프레임워크 제공
- 공공 및 민간의 기술적·정책적 AX 전문가 풀 제공

기대 효과

- **공공부문의 AI 자원을 효율적으로 통합·관리**하여 중복투자와 비효율성 제거

- **정부 부처 간 협력과 데이터 공유 촉진**으로 AI 기술의 전방위적인 활용이 가능해지고, 공공서비스의 품질과 효율성 향상

- **공공-민간 간 협력 강화**로 AI 기술이 사회 전반에 걸쳐 균형 있게 확산되고, 국가의 디지털 혁신을 이끌어낼 것으로 기대

18　AI 혁신 3법 제정

◆ "혜택은 공정하고, 책임은 명확하게!" AI가 모두에게 열린 기회가 되도록 AI 기술이 기본이 되는 사회 체계에 특화된 'AI 혁신 3법*'을 마련

* AI 혁신 3법(안) : 인공지능사회혁신법, 데이터기본법, 인공지능균형발전법 등

추진 배경

- AI 기술이 전 세계 산업과 일상을 재편하는 가운데, 각국은 AI의 '**안전**'과 '**혁신**'을 지원하는 **법적 체계를 마련**하기 시작

  ※ (EU) 세계 최초 포괄적 AI 규제법, 'AI Act' 승인('24.5), (한국) 'AI 기본법 제정'('25.1), (미국) 안전하고 신뢰할 수 있는 AI 행정명령 발표(바이든 행정부, '23.10)

- 최근 AI 법제도는 AI 기술 혁신이 가속화되며 각국의 상황과 전략적 필요에 맞는 맞춤형 접근으로 진화 중

  ※ 미국, **트럼프 대통령**은 바이든 행정부의 'AI 행정명령'을 철회한 후 '**AI 규제 완화**'로 선회('25.1월). EU는 '파리 AI 정상 회의('25.2월)' 이후, '**AI 규제 완화**'로의 전환을 시사

- 앞으로는 기술 발전의 혜택을 사회 전반에 공평하게 확산시키고, AI로 인한 구조적 변화에 대응하는 새로운 사회 질서의 핵심 장치가 필요

  ※ • 노동자의 60%가 향후 10년 내 AI로 인해 일자리를 잃을 것을 우려(OECD, 2024)
  　• 전 세계 일자리의 약 40%가 AI의 직접적인 영향을 받을 것(IMF, 2024)

> 📝 **참고** 　국내, "인공지능 법제도 대응 동향"
>
> ▶ 지능정보기술 개발 및 산업 진흥을 위한 「**지능정보화 기본법**」 마련('20.12.10 시행)
> ▶ **데이터 3법(개인정보보호법, 정보통신망법, 신용정보법)** 개정('20.8.5 시행)
> ▶ 분야별 인공지능 도입·활용·확산(AI+X)을 위한 개별 영역별 법령 제·개정
> 　※ **(의료)** 빅데이터 및 인공지능 적용 의료기기의 허가·심사 가이드라인('19, 개정)
> 　　**(교통)** 자율주행자동차 상용화 촉진 및 지원에 관한 법률('19, 제정)
> 　　**(금융)** 자본시장과 금융투자업에 관한 법률 시행령('19, 개정)
> 　　**(항공)** 드론 활용의 촉진 및 기반 조성에 관한 법률('19, 제정)
> 　　**(로봇)** 지능형 로봇 개발 및 보급 촉진법('20, 개정)
> ▶ 데이터 경제를 위한 「**데이터 산업진흥 및 이용 촉진에 관한 기본법**」 마련('22.4.20 시행)
> ▶ AI R&D 비용의 세액공제 확대 등 「**조세특례제한법**」 일부 개정('25.3.14 시행)
> ▶ 「**인공지능 발전과 신뢰 기반 조성 등에 관한 기본법**」 마련('26.1.22 시행)

주요 내용

- **(인공지능사회혁신법)** AI로 인한 급격한 사회변화에 대응하고, AI시대 갈등 해결을 위한 새로운 법제도 마련
  ※ (과제 예시) ▲혁신적인 AI 적용을 위한 특례, ▲AI 전환으로 인한 손실보상체계, ▲구조조정 대응 기금 조성, ▲사회갈등 해소 협의체, ▲AI 보험 등 위험회피 기반 마련, ▲인간-기계의 협력·책임·권한에 대한 법적 근거 마련

> 📝 **참고** AI 전환으로 인한 고용변화 대응 기금 사례
>
> ▶ **EU의 유럽 세계화 조정 기금(European Globalisation Adjustment Fund, EGF)**
>   자동화로 인한 대규모 실직 상황에 대응하기 위해 설립(연간 약 1억 5천만 유로 규모)
> ▶ **캐나다의 미래 기술 기금(Future Skills Centre)**
>   AI와 자동화로 인한 노동시장 변화에 대응(2억 3천만 캐나다 달러 규모)
> ▶ **미국의 노동자 혁신 및 기회 기금(Worker Innovation and Opportunity Fund)**
>   디지털 경제로의 전환 과정에서 발생하는 실직자 지원
> ▶ **한국의 고용보험기금 내 4차산업혁명 대응 특별 계정**

- **(데이터 기본법)** AI의 근간이 되는 데이터의 법적 지위를 재정의하고, 글로벌 경쟁력을 갖춘 데이터 생태계를 조성할 수 있는 명확한 기준 제시
  ※ (과제 예시) ▲데이터의 사회·경제적 가치, 책임·권한 등 기본 원칙 수립, ▲데이터 노동(Data Labor)*의 가치와 권한, ▲데이터 기여도 측정 기준 마련, ▲개인이 고객이 되는 '데이터 은행' 설립, ▲'데이터 협동조합'의 도입, ▲데이터 제공자(개인·기업)의 정당한 보상 체계 마련 등
  * 디지털 플랫폼이나 서비스의 이용자가 의식적 또는 무의식적인 행위(이용 과정)를 통해 데이터를 생산하는 활동 (SNS 게시물이나 댓글 작성, 검색 기록, 앱/웹사이트 사용 패턴 등)

> 📝 **참고** 혁신적인 데이터 소유·활용 모델 사례
>
> ▶ **(스위스, 'MIDATA.coop')** 건강 데이터 협동조합. 개인이 자신의 건강 데이터를 안전하게 저장·관리할 수 있는 플랫폼 제공→발생 수익은 건강 연구와 공익 목적으로 재투자
> ▶ **(미국, 'Driver's Seat Cooperative')** 라이드셰어 및 배달 플랫폼 운전자 데이터 협동조합. 운전자들이 자신의 근무 데이터를 제공, 데이터 판매 수입은 조합원들에게 분배
> ▶ **(미국, 'Agricultural Data Coalition')** 농업 데이터 협동조합. 농부들이 저장한 데이터를 활용해 집단 협상력 강화, 지역별 최종 농법 개발, 농기계 업체와의 협력 등 성과 창출
> ▶ **(데이터 배당금)** 캘리포니아 '데이터 배당금(Data Dividend)' 법안 논의*('19), 경기도에서 세계 최초로 '경기 데이터 배당**' 정책을 시행('20)
>   * 캘리포니아 주지사 개빈 뉴섬(Gavin Newsom)은 개인 데이터로부터 발생하는 부를 사용자와 공유하자고 제안
>   ** 지역화폐 사용 데이터를 분석하여 발생한 수익을 도민에게 환원하는 제도

- **(인공지능균형발전법)** 개인·기업·지역·국가 간 균형 발전을 도모하여 특정 주체의 독점·지배력 남용 방지 및 공정 경쟁 기반을 조성
  - 빅테크 기업, 글로벌 AI 기업, 대기업 위주의 AI 발전에서 탈피하여, AI 기술로 인한 혜택이 사회적으로 고르게 돌아갈 수 있는 근간 마련
  - 공공재로서의 AI 관련 자원(알고리즘, 데이터 등)이 사회발전과 복지 증진에 기여하는 제도적 틀 마련

> **참고** 디지털 공공재 활용 수익의 기여금 환원 사례
>
> ▶ **EU의 디지털 서비스세(Digital Services Tax)** 프랑스, 이탈리아 등 일부 EU 국가들은 대형 디지털 기업의 매출에 대해 3%의 디지털 서비스세를 부과
>
> ▶ **캐나다의 디지털 서비스세(Digital Services Tax)** 대형 기술 기업들이 캐나다 내에서 창출하는 디지털 서비스 수익에 대해 과세(세율 : 3%)
>
> ▶ **핀란드의 Tekes(현 Business Finland)** 공공 R&D 자금으로 개발된 기술로 수익을 창출한 기업들이 일부를 다시 R&D 기금으로 환원
>
> ▶ **인도의 디지털 공공 인프라 기여금(DPI Contribution Model)** 민간 기업이 공공 디지털 인프라를 활용하여 서비스를 제공할 경우, 일정 기여금을 사회 환원 기금으로 기부하는 방안 검토

기대 효과

- AI 사회에서의 법·제도는 단순한 규제도구가 아니라 바람직한 사회 변화를 촉진하는 '사회 아키텍처*'로서 기능하도록 기반 마련
  * AI가 가져올 사회 변화를 바람직한 방향으로 이끌기 위한 적극적인 사회 설계

- 데이터 권리관계의 명확화로 데이터 거래 시장 활성화, 개인의 데이터 통제권 강화, 데이터 시장의 투명성과 공정성 증대

- 공정 경쟁과 사회적 포용을 통해 AI가 특정 주체의 독점이 아닌, 국가 전체의 지속가능한 혁신 성장 동력이 되도록 만드는 제도적 기반을 제공

19. 글로벌 사우스 연대를 위한 카이브릿지(K-AI Bridge) 구축

◆ 글로벌 사우스(Global South) 국가들과 전략적 '카이브릿지(K-AI Bridge)'로 연결해 데이터 교류, AI 인프라 지원, 규범 공동 연구로 한국의 AI 동맹을 구성하고 AI 신시장 창출

추진 배경

- 우리나라가 **AI 주도권을 강화**하고 **시장을 확대**하기 위해서는 **글로벌 사우스*와 전략적 AI 협력**이 필요

    * 아프리카, 라틴아메리카, 아시아, 중동 국가 등 개발도상국과 신흥경제국을 포함하는 개념

    - 한국은 **새로운 데이터 인프라를 구축**하고 **다양하고 대량의 AI 학습데이터를 확보**해 비영어권 AI 모델 개발과 기술 주도의 기회를 창출

        ※ LLM은 스케일링의 법칙에 따라 대량의 데이터 확보가 경쟁력 강화에 필수적

    - 미중 중심의 AI 패권 구도에서 글로벌 사우스의 **다양한 문화와 언어를 반영**하는 **포용적 AI 생태계 구축** 가능

        ※ UN 권고의 SDGs(지속가능한발전 목표) 실현

주요 내용

- **(데이터 구축·교류 프로젝트)** 협력국 데이터의 디지털화, 데이터 정책·표준·시스템 등 데이터 플랫폼 구축 지원 ⇒ **韓 기업에 대량의 데이터 공급**

    ▶ **1단계 | 현황분석·수준진단** : 협력국에 가장 적합한 데이터 플랫폼 구축을 위한 진단

    ▶ **2단계 | 정책·표준 개발지원** : 우리의 데이터 분류체계(BRM, 메타데이터) 기반 한-개도국 간 호환 가능한 데이터 분류체계·표준 개발

    ▶ **3단계 | 데이터 전환** : 개발한 분류체계 및 표준에 적합하도록 아날로그 데이터를 디지털화하고 AI 학습에 최적화된 고품질 데이터셋으로 전환 지원

    ▶ **4단계 | 플랫폼 구축** : 우리의 데이터 플랫폼 기반 전략협력국 데이터 플랫폼 구축

- **(AIDC(인공지능개발센터) 기반 인프라 지원)** 기존 정보접근센터(IAC)를 인공지능개발센터(AIDC)로 개편 ⇒ **기업 연계 AI 실증 프로젝트 추진**

  ▶ **리빙랩** : 기존 공간을 AI 관련 교육장 및 지역 특화 문제 해결을 위한 맞춤형(커스터마이징) AI 솔루션 테스트 환경인 실증센터(리빙랩)으로 재조성

  ▶ **AI 인프라 구축** : 현지 조사를 토대로 목적에 부합한 스펙의 AI 인프라(GPU, 서버, 소프트웨어 등) 및 기자재 설계·구축 컨설팅

  ▶ **샘플데이터 지원** : AI 데이터 구축 및 활용 경험이 부족한 국가의 특성을 고려해, 샘플데이터 제공

- **(AI 규범·표준 공동 연구 및 확산)** 글로벌 사우스와 AI 거버넌스를 잇는 커넥터로서 글로벌 AI 규범 형성을 주도하며 국제적 영향력을 강화

  ▶ **협력 채널** : 비영어권 글로벌 사우스와 **주요 AI 거버넌스**를 잇는 **중재자 역할**을 수행할 수 있도록 **전략적 협력 채널**을 **구축**해 한국의 주도적 역할을 확립

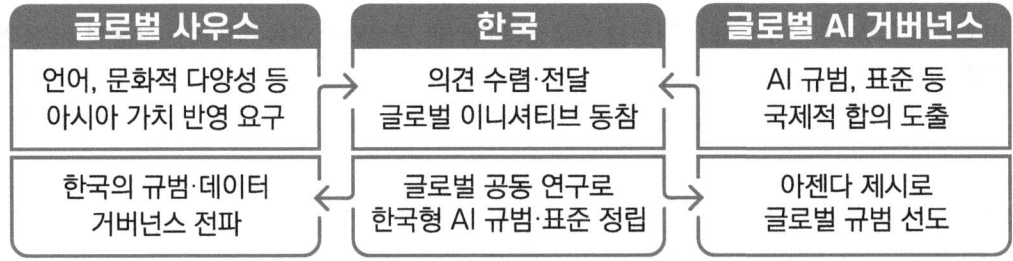

  ▶ **공동연구** : 글로벌 사우스 국가의 AI 정책·법제 정비 지원 및 데이터 주권(Data Sovereignty) 협력 모델 구축

  ▶ **교육설계** : AI 전략협력국 중심의 AX정부를 위한 新공공 교육 프로그램 개발·운영
  ※ 최신 AI 기술 및 데이터 정책 동향을 공유할 수 있는 세미나, 워크숍 등을 통한 전문가 네트워크 구축

기대 효과

- 한-AI 협력국 간 플랫폼 교류를 통해 **확보한 데이터를 활용**해 **국내 AI기업**이 개도국 맞춤형 서비스 개발을 통해 **해외 진출 및 수출 확대**

- ODA 목적이 아닌 AI시대 新협력 네트워크 구축을 통한 글로벌 상호보완적인 **AI 지식 역량 함양 및 글로벌 AI 격차 해소에 기여**

- 글로벌 사우스와의 협력을 통해 AI 규범·표준 논의에서 한국의 주도적 역할 강화로 **글로벌 AI 영향력 강화**

AI활용 강국을 위한 정책과제집

초판 인쇄 2025년 09월 05일
초판 발행 2025년 09월 10일

저　자 한국지능정보사회진흥원
발행인 김갑용

발행처 진한엠앤비
주소 서울시 서대문구 독립문로 14길 66 205호(냉천동 260)
전화 02) 364 - 8491(대) / 팩스 02) 319 - 3537
홈페이지주소 http://www.jinhanbook.co.kr
등록번호 제25100-2016-000019호 (등록일자 : 1993년 05월 25일)
ⓒ2025 jinhan M&B INC, Printed in Korea

ISBN 979-11-290-6132-4 (93560)　　　[정가 10,000원]

☞ 이 책에 담긴 내용의 무단 전재 및 복제 행위를 금합니다.
☞ 잘못 만들어진 책자는 구입처에서 교환해 드립니다.
☞ 본 도서는 [공공데이터 제공 및 이용 활성화에 관한 법률]을 근거로 출판되었습니다.